수학자의 변명

돋을새김 푸른책장 시리즈 **036**

수학자의 변명

초판 발행 2023년 7월 05일

지은이 | 고드프리 해럴드 하디
옮긴이 | 권혁
발행인 | 권오현

펴낸곳 | 돋을새김
주소 | 경기도 고양시 일산동구 하늘마을로 57-9 301호 (중산동, K시티빌딩)
전화 | 031-977-1854 팩스 | 031-976-1856
홈페이지 | http://blog.naver.com/doduls 전자우편 | doduls@naver.com
등록 | 1997.12.15. 제300-1997-140호
인쇄 | 금강인쇄(주)(031-943-0082)

ISBN 978-89-6167-337-2 (03410)

값 12,000원

돋을새김
푸른책장
시리즈
0 3 6

수학자의 변명

고드프리 해럴드 하디 지음 | 권혁 옮김

돋을새김

* * *

이 책의 집필을 권했던 존 로마스에게

고드프리 해럴드 하디(Godfrey Harold Hardy 1877~1947)
1896년에 케임브리지 대학의 트리니티 컬리지에 입학했다.

＊＊＊

유클리드(Euclid): BC 300년경의 그리스 수학자. 고대 그리스어로는 에우클레이데스. 고대 기하학의 연구를 집대성하여 〈원론(elements)〉으로 정리했다. 이 책은 고대 그리스의 수학뿐만 아니라 그리스인들이 발달시킨 수학적 논리까지 보여주어 수학 역사상 가장 영향력 있는 교과서로 이후 2천년 동안 사용되고 있다.

(삽화: 라파엘로의 〈아테네 학당〉 부분. 컴퍼스를 들고 허리를 구부리고 있는 인물이 유클리드.)

PHILOSOPHIÆ
NATURALIS
PRINCIPIA
MATHEMATICA
IMPRIMATUR
S. PEPYS, Reg. Soc. PRÆSES.
LONDINI,

＊＊＊
아이작 뉴턴(Isaac Newton)과 그의 위대한 저작, 〈자연철학의 수학적 원리(프린키피아)〉.
하디가 활동하던 시대의 영국 사회는 뉴턴의 영향으로 고전적인 응용 수학에 머물러 있었다. 하디는 프랑스 수학의 논리적 해법에 관심이 깊었으며, 특히 케임브리지 대학의 수학이 주도하던 당대의 응용 수학에서 벗어나 이론 수학을 적극적으로 발전시켰다.

***

하디와 존 리틀우드(Jonn E. Littlewood 1885~1977)

케임브리지 시절의 학문적 동료인 두 사람은 1911년부터 35년 동안 해석학과 해석적 정수론에 관한 공동 연구를 수행했다. 하디는 '나는 당신들이 절대로 할 수 없었던 일을 해냈는데, 그것은 바로 리틀우드와 라마누잔과 동등한 조건으로 협력했던 것이다'라고 말한다. 독일의 어느 수학자는 '리틀우드'가 하디의 또 다른 이름인 줄 알았는데, 실존하는 별개의 인물이라는 사실을 알고 놀랐다는 에피소드가 전해질 정도로 두 사람은 언제나 함께 언급되던 당대의 가장 유명한 수학자였다.

***

인도의 천재 수학자, 라마누잔(Ramanujan 1887~1920)

하디 교수의 추천으로 영국의 케임브리지 대학에서 수학을 연구했다. 하디는 자신의 업적 중에서 가장 훌륭한 것은 '라마누잔'을 발견한 것이라고 했다.

"내 경력의 진정한 전환기는 10~12년 후인 1911년 리틀우드와 오랜 공동연구를 시작하고 1913년 라마누잔을 발견했을 때였다. 나의 모든 최고의 작업은 그들과 밀접한 관계를 맺고 있으며, 그들과의 인연이 내 인생의 결정적인 사건이었음은 분명하다."(본문 117쪽)

＊＊＊

1926년 옥스퍼드 대학에서 열린 크리켓 경기.

하디는 전화와 같은 기계장치를 멀리했으며 사진 촬영도 거의 허락하지 않아 현재 남아 있는 사진이 거의 없다. 수학 외에는 유일하게 크리켓을 즐겼다. 사람들을 만나는 것을 꺼려했지만, 크리켓을 포함한 다양한 주제에 대해 이야기하기를 즐겼다. 크리켓과 대화는 그가 가장 좋아하는 게임이었다.

문학적인 용어로 변론defense을 의미하는 변명apology의 형식으로 작성된 〈수학자의 변명〉은 순수 수학자로서 자신이 평생을 바쳐 이룩해온 업적에 대한 자기 방어이다. 일반인들이 자신의 변론을 이해할 수 있도록 학술적인 언어를 버리고 일반 청중을 대상으로 강연하듯 간결하고 단순한 작문 스타일로 작성했다.

* * *

영국 케임브리지 대학교 트리니티 컬리지의 과학자들(1910). 중앙이 라마누잔, 오른쪽 끝이 고드프리 해럴드 하디.

＊＊＊

버트런드 러셀(Bertrand Arthur Williams Russell 1872–1970)

하디의 친구로 수학자, 철학자, 수리논리학자, 역사가, 사회 비평가이다. 제1차 세계대전 중 반전 운동가로 활동하면서 1916년 케임브리지의 트리니티 컬리지에서 해고되었다. 수학을 이용해 논리학의 기초를 세우려 했던 그는 화이트헤드와 〈수학원리Principia Mathematica〉를 집필했다. 러셀은 평화주의적 견해로 널리 알려져 있었으며, 그로 인해 제2차 세계대전 중에는 6개월 징역형을 선고받기도 했다.

수학자의 변명

고드프리 해럴드 하디 지음 | 권혁 옮김

A Mathematician's Apology

by Godfrey Harold Hardy

■ **일러두기**

1. 저자가 작성한 원주는 ‡부호로 본문 속에 수록했으며, * 부호는 역자주이다.
2. 잡지 〈유레카〉에 기고한 ‘전쟁시기의 수학Mathematics in war-time’의 일부가 이 책의 21장, 25장 그리고 28장에 포함되어 있다. 전문은 126쪽에 수록해 놓았다.

차례

서문

이 책의 초고를 읽고 여러 가지 소중한 비판을 해주신 C. D. 브로드 교수*와 C. P. 스노우 박사**에게 많은 신세를 졌다. 나는 그분들이 제안한 사안들을 거의 모두 다 원고에 포함시키면서 미숙하고 모호한 내용들을 없앨 수 있었다.

다만 한 가지 경우만은 그렇게 처리하지 않았다. 28장은 올해 초에 케임브리지 아르키메데스 학회의 정기간행물인 〈유레카Eureka〉에 기고했던 짧은 글을 바탕으로 작성한 것인데, 너무

---

*찰스 브로드Charlie Dunbar Broad 1887~1971: 철학자, 철학사학자. 케임브리지 트리니티 컬리지의 특별연구원.

**찰스 스노우Charles Percy Snow, Baron Snow 1905~80: 화학자, 소설가. 케임브리지 크라이스트 컬리지 특별연구원. 하디의 친구로 그들 사이의 우정에 대한 기억을 바탕으로 전기 에세이 〈G. H. 하디: 순수 수학자〉를 썼다.

최근에 그리고 아주 많은 주의를 기울여 쓴 글을 다시 수정하기는 어렵다는 것을 알게 되었다. 또한, 내가 그처럼 중요한 비판을 진지하게 받아들이려면, 내 에세이의 전체적인 균형을 파괴할 정도로 내용을 확장했어야 했다. 그래서 내용은 변경하지 않은 채 그대로 두었지만, 비평해주신 분들이 제시했던 주요 문제점에 대해선 말미에 간략하게 설명을 덧붙여두었다.

G. H. H.

1940년 7월 18일

1.

전문적인 수학자가 수학에 관한 글을 쓰고 있다는 건 우울한 경험이다. 수학자의 역할은 새로운 정리(定理)를 증명하고 수학에 보탬이 될 의미 있는 일을 하는 것이지, 자신이나 다른 수학자들이 이루어놓은 일에 대해 이런저런 말을 보태는 것은 아니다. 정치인들은 정치기자를 경멸하며, 화가들은 미술평론가를 경멸한다. 생리학자, 물리학자 또는 수학자도 대개는 그와 비슷한 감정을 갖고 있다. 창조하는 사람들이 해설하는 사람들을 향해 보여주는 경멸보다 더 뿌리 깊고, 대체로 더 정당한 경우는 없다. 해설이나 비평, 평가는 뛰어나지 못한 사람들이 하는 일이다.

하우스먼*과 진지한 대화를 나누었던 건 몇 번 되지 않는다. 그 중 한 번은 이 문제를 두고 논쟁을 벌였던 기억이 있다.

---

*알프레드 하우스먼Alfred Edward Housman 1859~1936: 고전학자, 시인. 케임브리지 트리니티 컬리지의 라틴학 교수, 특별연구원.

하우스먼은 '시의 명칭과 본질'이라는 제목의 레슬리 스티븐 강연*에서 자신이 '평론가'라는 것을 매우 단호하게 부인했다. 하지만 내가 보기에 그는 유별나게 비뚤어진 방식으로 부인하면서, 문학평론에 대한 찬사를 표명하여 나를 놀라게 하고 당혹스럽게 만들었다.

하우스먼은 22년 전 자신의 케임브리지 대학교 취임 후 첫 강의에서 했던 말을 인용하면서 이야기를 시작했다.

"문학평론의 재능이 천국의 보물들 중에서 가장 좋은 선물인지 나로서는 알 수가 없습니다. 하지만 가장 인색하게 주어지는 것이기 때문에, 천국에서는 그렇게 생각하고 있는 것으로 보입니다. 연설가나 시인은… 블랙베리와 비교하면 드물기는 해도 핼리 혜성의 귀환보다는 흔합니다. 반면에 문학평론가는 그보다 흔하지는 않습니다."

이어서 그는 이렇게 말했다.

*전기작가이며 역사학자인 레슬리 스티븐Leslie Stephen(1832~1904)을 기념하여 1907년부터 케임브리지 대학에서 2년마다 개최되는 강연회.

"지난 22년 동안 나는 어떤 면에서는 발전했고 어떤 면에서는 퇴보했지만, 문학평론가가 될 만큼 발전하지는 못했으며, 문학평론가가 되었다고 공상할 만큼 퇴보하지도 않았습니다."

탁월한 학자이자 훌륭한 시인이 이런 글을 써야 했다는 것이 내겐 애처로워 보였다. 그래서 몇 주 후 식당에서 우연히 그의 옆에 앉게 된 나는 직접 그렇게 말했다.

자신이 했던 말을 정말 진지하게 받아들여야 한다는 뜻이었을까?

실제로 뛰어난 평론가의 삶을 학자나 시인의 삶과 비교할 만하다고 보았던 것일까?

우리는 식사를 하면서 줄곧 이 질문들을 두고 논쟁했으며, 결국에는 그가 내 생각에 동의했다고 생각한다. 나는 더 이상 반박하지 못하는 상대에게 논리적으로 승리했다고 주장하고 싶지는 않다. 하지만 첫 번째 질문에 대한 그의 최종적인 답변은 '아마 전적으로 그렇지는 않을 것이다'였으며, 두 번째 질문에 대한 답변은 '아마 아닐 것이다'였다.

하우스먼의 감수성에 약간의 의문이 있었을 수도 있고, 그를 내 편이라 주장하고 싶지도 않다. 하지만 나는 과학자들의 감수성에 대해선 전혀 의심하지 않으며, 전적으로 공감한다. 그러므로 내가 수학이 아니라 수학에 '관한' 글을 쓰고 있다면, 그것은 나약함을 고백하는 것이며, 더 젊고 유능한 수학자들은 당연히 나를 조롱하거나 동정할 수도 있다.

내가 수학에 대한 글을 쓰고 있는 이유는 나이 60을 넘긴 다른 수학자들과 마찬가지로 더 이상 나에게 주어진 일을 효과적으로 수행할 수 있는 맑은 정신과 에너지 또는 인내심이 없기 때문이다.

2.

나는 수학에 대한 변명을 시도해보려 한다. 좋은 이유에서든 나쁜 이유에서든 일반적으로 수학보다 더 유익하고 칭찬받을 만하다고 인정받는 학문은 없기 때문에 변명할 필요가 없다는 말을 들을 수도 있다. 실제로 아인슈타인이 놀라운 성공을 거둔 이후, 대중에게 수학보다 더 높게 평가받는 과학 분야는 항성천문학과 원자물리학뿐일 것이다.

수학자는 이제 스스로 방어적으로 생각할 필요는 없다. 브래들리*가 〈현상과 실재Appearance and Reality〉의 서문에서 형이상학을 훌륭하게 변호하면서 묘사했던 그런 종류의 반대에 부딪칠 필요는 없는 것이다.

브래들리는 '형이상학적인 지식은 전적으로 불가능하다'거나 '어느 정도는 가능하다 해도 실질적으로 지식이라 부를 가치 있

*프랜시스 브래들리Francis Herbert Bradley 1846~1924: 영국의 관념론 철학자.

는 것이 아니다'라는 말을 듣게 될 것이라고 한다.

형이상학자는 늘 '똑같은 문제로 똑같은 논쟁을 하고 완전히 똑같은 실패를 겪는다. 왜 포기하고 빠져나오지 않는가? 노력할 만한 다른 일은 없는가?'라는 말을 듣게 된다는 것이다.

수학에 대해 이런 식으로 말할 정도로 어리석은 사람은 없다. 대부분의 수학적 진리는 명확하고 압도적이어서, 그것을 실용적으로 응용하는 교량과 증기기관, 발전기와 같은 분야는 상상력이 가장 무딘 사람조차 사로잡는다. 그러므로 수학이 가치 있다는 것을 대중에게 설득할 필요는 없다.

이런 모든 것들이 수학자에게는 큰 위안이 되겠지만, 진정한 수학자는 그것에 만족하지 못한다. 진정한 수학자라면 누구든 수학의 진정한 사례는 이런 투박한 성과들에 있지 않으며, 수학에 대한 대중의 평판은 대부분 무지와 혼란에 근거하고 있으므로 보다 합리적인 방어를 위한 여지가 있다고 생각해야 한다.

어쨌든 나는 변명을 시도해보고 싶다. 그것은 브래들리의 난해한 변명보다 더 간명한 작업이어야 할 것이다.

그렇다면 나는 이렇게 물어볼 것이다.

수학을 진지하게 연구하는 것이 진정으로 가치 있는 이유는 무엇일까?

과연 수학자의 삶은 무엇으로 정당화할 수 있을까?

나의 대답은 대부분 전형적인 수학자들과 다르지 않을 것이다. 즉, 나는 그만한 가치가 있으며, 충분한 정당성이 있다고 생각한다. 그러나 수학에 대한 나의 변호는 나 자신에 대한 변호가 될 것이며, 나의 변명은 어느 정도는 이기적인 것일 수밖에 없음을 먼저 밝혀야만 한다. 나 자신을 실패자들 중의 한 명이라고 생각한다면, 나의 학문에 대해 변명할 가치는 없다고 생각해야 하는 것이다.

이런 종류의 이기심은 피할 수 없으며, 그것을 정당화할 필요가 있다고 생각하지는 않는다. 훌륭한 업적은 '겸손한' 사람이 이루어내는 것이 아니다. 예를 들어, 어떤 학문에서든 스승의 우선적인 의무들 중의 한 가지는 자기 학문의 중요성과 그 학문 내에서 자신의 중요성을 약간 과장하는 것이다.

'내가 하는 일이 가치 있는 것일까?' 그리고 '내가 이 일을 하기에 적합한 사람일까?'를 줄곧 묻는다면 다른 사람들에게는 언제나 쓸모없고 실망을 안기는 사람이 될 것이다.

눈을 살짝 감고 자신의 학문과 자신의 가치를 조금 더 중요하게 생각해야 한다. 이것은 그리 어렵지 않은 일이다. 눈을 지나치게 질끈 감아버려 자신의 학문과 자기 자신을 우스꽝스럽게 만들지 않는 것이 더 어려운 일이다.

3.

자신의 존재 그리고 자신의 활동을 정당화하려는 사람은 서로 다른 두 가지 질문을 구분해야 한다. 첫 번째 질문은 자신이 하고 있는 일이 가치 있는 일인지를 묻는 것이며, 두 번째 질문은 그 가치가 무엇이든 왜 그 일을 하고 있는지를 묻는 것이다.

첫 번째 질문은 종종 매우 어렵고 그 대답은 매우 실망스러운 경우가 많지만 두 번째 질문에는 대부분의 사람들이 쉽게 대답할 것이다. 정직하게 대답한다면 그들은 일반적으로 두 가지 형식 중 한 가지를 선택할 것이다. 두 번째 형식은 단순히 첫 번째 형식을 조금 더 겸손하게 변형한 것일 뿐이므로, 첫 번째 형식이 우리가 진지하게 고려해볼 필요가 있는 유일한 대답이다.

(1) '지금 하고 있는 일이 내가 유일하게 잘할 수 있는 일이기 때문에 한다. 내가 변호사, 주식 중개인, 프로 크리켓 선수인 이

유는 그 특정한 직업에 실제로 재능이 있기 때문이다.

내가 변호사인 이유는 유창한 언어 구사력과 법적인 치밀함에 대한 관심이 있기 때문이다. 내가 주식 중개인인 이유는 시장에 대한 판단이 빠르고 확고하기 때문이다. 내가 프로 크리켓 선수인 이유는 유난히 타격을 잘하기 때문이다. 시인이나 수학자가 되는 것이 더 나을 수도 있겠지만, 안타깝게도 나는 그런 일에는 재능이 없다.'

대부분의 사람들이 이런 변명을 할 수 있다는 것은 아니다. 대부분의 사람들은 잘할 수 있는 일이 전혀 없기 때문이다. 하지만 이것은 불합리하지 않게 제시한다면 실력 있는 소수의 사람들에겐 확고부동한 변명이 된다. 아마도 5% 또는 10%의 사람들이 어떤 일을 비교적 잘 할 수 있을 것이다. 어떤 일을 정말 잘할 수 있는 사람은 극소수이며, 두 가지 일을 잘할 수 있는 사람의 수는 무시할 수 있을 정도이다.

진정한 재능이 있는 사람이라면 누구나 그 재능을 최대한으로 계발하기 위해 거의 모든 희생을 감수할 준비가 되어 있어야 한다.

이 견해에는 존슨 박사[*]* 역시 공감했다.

"내가 (그와 동명이인인) 존슨이 세 마리 말 위에 올라타는 것을 보았다고 하자, 그는 '인간의 능력이 어디까지 펼쳐질 수 있는지를 보여주는 공연이므로, 그런 사람은 격려해줘야 합니다'라고 했다. 마찬가지로 그는 산악인, 해협을 건너는 수영선수, 눈을 가린 체스플레이어에게 박수를 보냈을 것이다."[**]

나는 이처럼 놀라운 성취를 거두기 위한 모든 시도에 전적으로 공감한다. 마술사나 복화술사에게도 공감하며, (체스와 크리켓 챔피언인) 알레힌과 브래드먼이 기록 경신에 실패하면 몹시 실망하곤 한다. 바로 여기에서 존슨 박사와 나는 대중과 일치한다는 것을 알아차렸다.

터너[***]가 진심을 담아 말했듯이, 오직 '(불쾌한 의미에서의) 지식인들'만이 '진정한 명인'을 존중하지 않는다.

물론 다양한 활동들 간의 가치 차이를 고려해야 한다. 나는

---

*새뮤얼 존슨Samuel Johnson 1709~84: 시인, 사전편찬자. 영어사전의 저자.

**전기작가 보즈웰Boswell이 쓴 〈새뮤얼 존슨의 생애〉 중에서 발췌한 내용이다.

***윌터 터너Walter James Redfern Turner 1889~1946: 시인, 극작가, 평론가.

비슷한 수준의 정치인보다 소설가나 화가가 되고 싶다. 대부분의 사람들이 적극적으로 해롭다며 거부하는 명성을 얻기 위한 방법들은 많이 있다. 그러나 직업 선택에 있어 그런 가치의 차이가 결정적인 역할을 하는 경우는 거의 없으며, 거의 언제나 타고난 능력의 한계에 의해 결정될 것이다.

시는 크리켓보다 더 가치 있지만 브래드먼이 2류의 하찮은 시를 쓰기 위해 크리켓을 희생했다면 바보일 것이다(그리고 그가 더 잘할 수 있을 것 같지는 않다). 만약 크리켓 실력이 최고에 약간 못 미치고 시 쓰는 솜씨가 좀더 좋았다면 선택은 더 어려웠을 것이어서 나도 빅터 트럼퍼*가 되어야 할지, 루퍼트 브룩**이 되어야 할지 판단할 수가 없었을 것이다. 그런 딜레마가 매우 드물다는 것은 다행스러운 일이다.

그런 딜레마가 수학자들에겐 특별하게 일어나지 않을 것이라는 말은 덧붙일 수 있다. 일반적으로 수학자와 다른 사람들 사이의 정신적 과정의 차이를 다소 거칠게 과장하곤 한다. 하지만 수학에 대한 재능이 가장 전문적인 재능들 중의 하나이며, 수학자가 하나의 계층으로서 일반적인 능력이나 다재다능함으로 특

---

*빅터 크럼퍼Victor Thomas Trumper 1877~1915: 타격이 뛰어난 크리켓 선수.

**루퍼트 브룩Rupert Chawner Brooke 1887~1915): 시인.

별하게 구별되지 않는다는 것은 부인할 수 없는 사실이다.

어떤 의미에서든 진정한 수학자라면, 그가 할 수 있는 다른 어떤 것보다 그의 수학은 훨씬 더 뛰어날 것이며, 다른 분야에서 평범한 일을 하기 위해 자신의 재능을 발휘할 수 있는 적절한 기회를 포기한다면 어리석은 일이 될 것이다. 그런 희생은 오직 경제적인 필요성이나 나이에 의해서만 정당화될 수 있을 것이다.

4.

수학자에게는 나이와 관련된 문제가 특히 중요하기 때문에 여기에서 한 마디 덧붙이는 것이 좋겠다. 수학자라면 누구든 수학이 다른 예술이나 과학 분야보다 더 젊은이들의 게임이라는 사실을 잊어서는 안 된다.

비교적 소박한 수준의 단순한 예를 들자면, 왕립학회 회원으로 선출되는 평균 연령은 수학이 가장 낮다. 훨씬 더 눈에 띄는 예도 쉽사리 찾아볼 수 있다. 예를 들어, 세계 3대 수학자 중 한 명으로 꼽히는 사람의 이력을 생각해 볼 수 있겠다.

뉴턴은 50세에 수학을 포기했으며, 그보다 오래 전에 이미 열정을 잃어버리고 있었다. 마흔 살이 되었을 때 그는 이미 자신의 가장 창의적인 시간이 끝났다는 것을 분명하게 인식하고 있었다. 그의 가장 위대한 아이디어인 유율법(fluxions, 流率法)과 중력의 법칙은 스물네 살이던 1666년경에 생각해낸 것이었는데, '그 당시 나는 발명의 전성기를 누리고 있었고, 그 어느 때보다 수학과 철학에 관심이 많았던 시기였다'고 했다. 마흔이 다 되어서 중요한 발견을 했지만(서른일곱 살에 '타원궤도'를 발견), 그 이후에는 단지 다듬고 완벽을 기하는 데에만 몰두했다.

갈루아는 스물한 살, 아벨은 스물일곱 살, 라마누잔은 서른세 살, 리만은 마흔 살에 세상을 떠났다. 물론 그보다 훨씬 후에 위대한 업적을 남긴 사람들도 있었다. 가우스의 미분기하학에 관한 위대한 연구논문은 (기본적인 아이디어는 10년 전에 이미 가지고 있었지만) 50세에 출판되었다.*

나는 50을 넘긴 사람이 수학적 진보를 이루었던 사례를 알지 못한다. 장년의 남성이 수학에 흥미를 잃고 포기한다면, 그 손실은 수학계나 그 자신에게 그다지 심각한 것은 아닐 것이다. 반면에 그 이득이 더 이상 커질 가능성은 없다.

수학자들의 만년에 대한 기록은 특별히 고무적인 것이 아니었다. 뉴턴은 (누구와도 다투지 않았을 때는) 꽤 유능한 조폐국장이었다. 팽르베**는 그다지 성공적이지 못한 프랑스 총리였다.

---

*에바리스트 갈루아Evariste Galois 1811~32: 프랑스의 수학자.
닐스 헨리크 아벨Niels Henrik Abel 1802~29: 노르웨이 수학자.
스리니바사 라마누잔Srinivasa Ramanujan 1887~1920: 인도의 수학자.
베른하르트 리만Georg Friedrich Bernhard Riemann 1826~66: 독일의 수학자.
카를 가우스Johann Carl Friedrich Gauss 1777~1855: 독일의 수학자, 물리학자.

**폴 팽르베Paul Painleve 1863~1933: 수학자, 정치인; 프랑스 제3공화국 총리.

라플라스*의 정치 경력은 대단히 불명예스러웠지만 무능하다기보다는 부정직했으며, 실제로 수학을 '포기'한 적이 없었기 때문에 적절한 사례라고 할 수는 없겠다. 일류 수학자가 수학을 포기하고 다른 분야에서 뛰어난 명성을 얻은 사례를 찾기는 매우 어렵다. (‡파스칼**의 경우가 최상이었던 것 같다)

수학에 매진했다면 일류 수학자가 되었을 젊은이들이 있었을지도 모르지만, 정말 그럴듯한 예는 들어본 적이 없다. 그리고 이 모든 것은 나 자신의 한정된 경험에 의해 충분히 입증된 것이다. 내가 알고 있던 진정한 재능을 지닌 젊은 수학자들은 모두 수학에 대한 야망이 부족해서가 아니라 넘치는 야망 때문에 수학에 충실했다. 그들은 모두, 만약 어딘가에 있다면, 뛰어난 삶으로 나아가는 길이 수학에 있다는 것을 인식하고 있었다.

---

*피에르 시몽 라플라스Pierre-Simon Laplace 1749~1827: 수학자, 물리학자, 천문학자.

**Blaise Pascal 1623~62: 수학자, 물리학자, 신학자. 1654년에 종교적인 경험을 한 후에 신학과 철학을 위해 수학을 포기했다.

5.

앞에서 모범적인 변명의 '좀 더 겸손한 변형'이라고 했던 것은 아주 짧게 설명할 수 있다.

(2) '내가 특별히 잘할 수 있는 것이 없다. 내게 주어진 일을 하는 것일 뿐이다. 다른 일을 할 수 있는 기회가 전혀 없었다.'

나는 이 변명 역시 결정적인 것이라 인정한다. 대부분의 사람들이 잘할 수 있는 일이 없다는 것은 사실이다. 그렇다면, 어떤 직업을 선택하느냐는 별로 중요하지 않으며, 더 이상 덧붙일 말은 없어 보인다.

이것은 결정적인 답변이지만 자존심이 있는 사람이 내놓을 수 있는 답변은 아니다. 아무도 이런 답변에는 만족하지 않을 것이라고 생각한다.

6.

이제 내가 3장에서 제시했던 첫 번째 질문에 대해 생각해보자. 이것은 두 번째 질문보다 훨씬 더 어렵다. 나를 비롯한 수학자들이 말하는 수학은 과연 해볼 만한 가치가 있는 학문일까? 만약 가치가 있다면 그 이유는 무엇일까?

1920년 옥스퍼드 대학교 취임 후 첫 번째 강의의 첫 페이지를 다시 살펴보았는데, 거기에는 수학에 대한 변명의 개요가 있었다. (두 페이지가 채 되지 않는) 그 내용은 매우 부적절하고, (당시에는 내가 '옥스퍼드 스타일'이라고 생각했던 첫 번째 에세이였지만) 지금은 그다지 자랑스러워하지 않는 그런 스타일로 작성되어 있다. 하지만 많은 개선이 필요하기는 해도 여전히 문제의 핵심은 담고 있다고 생각한다. 더 자세한 논의를 위한 서론으로서 당시에 강의했던 것을 다시 되짚어보기로 하자.

(1) 나는 수학의 무해성(無害性), 즉 '이익이 없기는 해도 수학

공부는 완벽하게 무해하고 순수한 직업'이라는 점을 강조하는 것으로 강의를 시작했다. 나는 이 생각을 고수하겠지만, 분명히 더 자세하고 명확한 설명은 필요할 것이다.

수학은 '이익이 없는' 학문일까? 어떤 면에서는 분명히 그렇지 않다. 예를 들어, 수학은 꽤 많은 사람들에게 큰 즐거움을 준다. 하지만 나는 좁은 의미에서의 '이익'을 생각했던 것이다.

화학이나 생리학 같은 다른 과학처럼 수학도 직접적인 도움이 되는 '유익한' 학문일까? 이것은 쉽지도 않고 논란의 여지가 없는 질문도 아니다. 일부 수학자와 일부 외부인은 의심할 여지없이 그렇다고 하겠지만 나는 궁극적으로 '아니오'라고 대답할 것이다.

그렇다면 수학은 '무해한' 학문일까? 다시 한 번, 이 질문에 대한 대답은 분명하지 않다. 이 질문은 과학이 전쟁에 미치는 영향에 대한 전반적인 문제를 제기하는 것이기 때문에 어떤 면에서는 피하고 싶은 질문이기도 하다. 예를 들어, 화학이 무해하지 않다는 것은 분명하다. 그런 의미에서 보자면 수학은 무해할까? 이 두 가지 질문은 나중에 다시 다뤄야 할 것이다.

(2) 나는 계속해서 '우주의 규모는 무척 크므로, 비록 우리가 시간을 낭비하고 있다 해도 대학 연구원 몇 명의 일생을 낭비하는 것이 그다지 엄청난 파국은 아니'라고 말했다.

여기에서는 내가 조금 전에 거부했던 과장되게 겸손한 자세를 취하거나 영향을 받는 것처럼 보일 수는 있다. 하지만 내 마음속에는 그런 뜻이 전혀 없었다는 것은 확실하다. 즉, 나는 3장에서 훨씬 더 길게 말했던 것을 한 문장으로 말하려고 했던 것이다. 나는 우리 연구원들이 실제로 약간의 재능을 갖고 있으며, 그 재능을 더 키우기 위해 최선을 다한다면 잘못될 일은 거의 없다고 생각했다.

(3) 마지막으로 나는 (지금의 내게는 다소 애처롭게도 수사적인 문장으로 보이지만) 수학적 성취의 영속성을 강조했다.

"우리가 하는 일이 하찮은 것일 수는 있지만, 영속성이라는 확실한 특성을 지니고 있다. 짧은 시구(詩句)이든 기하학 정리이든 상관없이 조금이라도 영속적인 관심을 끄는 것을 만들어냈다는 것은 대다수 인간의 능력을 완전히 뛰어넘는 무언가를 해냈다는 것이다."

그리고 이렇게 말했다.

“고대와 현대의 학문이 대립하는 현시대에 피타고라스에서 시작되지 않았으며 아인슈타인으로 끝나지도 않을, 가장 오래되고 가장 젊은 학문에 대해 분명히 말해야 할 것이 있을 것이다.”

이 모든 것이 ‘수사(修辭)’일 뿐이지만, 내게 그 본질은 여전히 사실인 것으로 보이며, 내가 미해결로 남겨둔 다른 모든 질문들에 대해서도 나는 즉시 아무런 편견 없이 자세하게 설명할 수 있다.

7.

나는 현재 적절한 야망을 품고 있거나, 과거에 품고 있었던 독자들을 위해 이 글을 쓴다고 가정할 것이다. 인간의 첫 번째 의무, 적어도 젊은이의 첫 번째 의무는 야망을 품는 것이다. 야망은 정당하게 다양한 형태를 취할 수 있는 고귀한 열정이다. 아틸라 왕이나 나폴레옹 황제의 야망에도 고귀한 면모가 있었지만, 가장 고귀한 야망은 영속적인 가치를 지닌 무언가를 남기려고 하는 야망이다.

여기, 바다와 육지 사이의
평평한 모래 위에서,
다가오는 밤을 대비해
무엇을 건설하고, 어떤 글을 써야 할까?
덮쳐오는 파도를 막기 위해
묘비에 새겨야 할 신비로운 기호를 말해다오

나보다 더 오래 남아 있도록
설계해야 할 요새를 말해다오.*

야망은 이 세상의 거의 모든 위대한 업적의 원동력이었다. 특히 실질적으로 인류의 행복에 기여한 중요한 모든 업적은 야망을 지닌 사람들이 이루어낸 것이었다.

유명한 두 가지 예를 들자면, 리스터와 파스퇴르의 야망이 있지 않을까? 좀 더 소박한 차원에서는 킹 질레트와 윌리엄 윌렛이 있을 것이다. 최근에 인간의 생활을 편하게 하는데 이들보다 더 많이 공헌한 사람들이 있을까?**

생리학에서 특히 좋은 사례들이 나타나는 이유는 눈에 띄게 '유익한' 학문이기 때문이다. 우리는 과학을 옹호하는 사람들이 흔히 범하는 오류를 경계해야 한다. 즉, 인류에게 유익한 일을 하는 사람들이 그 일을 하는 동안에도 그런 생각을 많이 하고 있었을 것이라고 가정하는 오류다. 예를 들어, 생리학자가 특별

---

*제1장에서 하디와 논쟁했던 하우스먼의 시 '바다와 육지 사이의 평화'.

**조지프 리스터Joseph Lister 1827~1912: 소독법을 개발한 외과수술의 선구자
루이 파스퇴르Louis Pasteur 1822~95: 생물학자, 화학자. 백신과 저온살균법의 개척자
킹 질레트King Camp Gillette 1855~1932: 안전면도기의 발명자
윌리엄 윌렛William Willett 1856~1915: 건축업자. 서머 타임의 도입을 주장했다.

히 고귀한 영혼을 가졌을 것이라고 가정하는 오류를 경계해야 한다. 생리학자가 자신의 연구가 인류에게 도움이 될 것이라는 사실을 생각하면서 기뻐할 수는 있다. 하지만 그런 연구를 위한 에너지와 영감을 제공하는 동기는 고전학자나 수학자의 동기와 다를 바가 없다.

연구를 수행하도록 이끄는 훌륭한 동기들은 많지만, 그 중 세 가지가 다른 것보다 훨씬 더 중요하다.

첫 번째는 지적 호기심으로 진실을 알고자 하는 욕구이다(이것 없이는 나머지 것들은 모두 실패로 끝나게 된다). 그 다음은 직업적 자부심, 자신의 성과에 만족해야 한다는 불안감, 자신의 재능에 어울리지 않는 작품을 만들어냈을 때 자존심이 강한 장인을 압도하는 수치심 등이다. 마지막으로 야망, 명성에 대한 욕망, 지위, 심지어 그것이 가져다주는 권력이나 돈에 대한 욕망이다. 자신의 일을 해냈을 때 다른 사람의 행복을 향상시키거나 고통을 덜어주었다고 느낄 수는 있지만, 그것이 그 일을 하는 이유는 아닐 것이다.

따라서 수학자나 화학자, 심지어는 생리학자가 자기 연구의 원동력이 인류를 이롭게 하려는 욕망이었다고 말한다면, 나는 그를 믿지 않을 것이며, 믿는다 해도 그를 더 이상 좋게 생각하지는 않을 것이다. 그의 지배적인 동기는 앞서 내가 언급했던 것들이었으며, 품위 있는 사람이라면 그런 동기들에 대해 부끄러워할 필요는 없다.

8.

지적 호기심, 직업적 자부심 그리고 야망이 연구를 이끄는 지배적인 동기라면, 이런 동기들을 충족시킬 기회를 수학자보다 확실하게 더 많이 갖고 있는 사람은 없다. 수학은 호기심을 가장 강하게 자극하는 분야로, 진리가 이처럼 기묘한 장난을 치는 분야도 없다. 수학은 가장 정교하고 매혹적인 기술을 갖추고 있으며, 순수한 전문기술을 과시하는데 있어 타의 추종을 불허하는 좋은 기회를 제공한다. 마지막으로, 역사가 풍부하게 증명하듯, 그 본질적 가치가 무엇이든 상관없이 수학적 성취는 가장 오랫동안 지속된다.

이것은 어느 정도 개화된 문명에서도 확인할 수 있다. 바빌로니아와 아시리아 문명은 멸망했으며 통치자인 함무라비, 사르곤, 네부카드네자르는 공허한 이름이 되었지만 바빌로니아의 수학은 여전히 흥미진진한 것이어서, 바빌로니아의 60진법은 지금도 천문학에서 사용되고 있다. 하지만 당연하게도 결정적인 사례는 그리스인들의 수학이다.

그리스인들은 오늘날까지도 우리에게 '진짜' 수학으로 남아 있는 최초의 수학자들이다. 동양 수학이 흥미로운 호기심일 수는 있지만 그리스 수학은 진짜 수학이다. 그리스인들은 처음부터 현대 수학자들이 이해할 수 있는 언어를 사용했다. 언젠가 리틀우드*가 내게 말했듯이, 그들은 똑똑한 학생이나 '장학생 지망자'가 아니라 '다른 대학에 있는 동료'였던 것이다. 그래서 그리스 수학은 그리스 문학보다 더 오래 남을 '영속적인'인 학문이다.

언어는 사라지지만 수학적 아이디어는 사라지지 않기 때문에 아이스킬로스**는 잊혀져도 아르키메데스***는 기억될 것이다. '불멸'이 우스꽝스러운 단어일 수도 있지만, 그 의미가 무엇이든 아마 수학자에게 가장 잘 어울리는 단어일 것이다.

또한 미래에 자신이 불공정하게 평가될까봐 심각하게 두려워할 필요도 없다. 불멸은 종종 우스꽝스럽거나 잔인하다. 우리들

*존 리틀우드John Edensor Littlewood 1885~1977: 영국의 수학자. 1911년부터 35년 동안 하디와 해석학과 해석적 정수론에 관한 공동 연구를 수행했다.

**아이스킬로스Aeschylus BC 525~456: 비극의 아버지, 고대 그리스의 비극작가.

***시라쿠스의 아르키메데스Archimedes of Syracuse BC 287~212 : 수학자, 공학자, 천문학자.

중 (왕과 제사장과 총독이었던) 옥이나 아나니아 또는 갈리오가 되겠다고 선택할 사람은 없을 것이다.

수학에서도 역사는 가끔씩 이상한 장난을 치곤 한다. 그래서 롤*은 마치 뉴턴과 같은 수학자라도 되는 것처럼 기초 미적분학 교과서에 등장하며, 페리**는 14년 전에 이미 아로***가 완벽하게 증명한 정리를 이해하지 못했기 때문에 불멸의 존재가 되었다. 아벨****의 전기(傳記)에는 여전히 다섯 명의 훌륭한 노르웨이인의 이름이 등장하는데, 조국의 가장 위대한 인물을 희생하면서까지 성실하게 수행했던 그들의 양심적이지만 무능한 행동 한 가지 때문이었다. 그러나 대체로 과학의 역사는 공정하며, 특히 수학에서는 더욱 그렇다.

다른 어떤 학문도 이처럼 명확하게, 또는 만장일치로 받아들여지는 표준을 갖추고 있지 않으며, 기억되는 인물들은 거의 언제나 그 표준에 합당한 인물들이다. 만약 투자할 돈이 있다면, 수학적인 명성이야말로 가장 건전하고 안정적인 투자 대상들 중의 한 가지이다.

---

*미셸 롤Michel Rolle 1652~1719: 프랑스의 수학자. 미분함수에 대한 정리(롤의 정리) 한 가지만으로 유명해졌다.

**존 페리John Farey 1766~1826: 영국의 지질학자.

***샤를 아로Charles Haros, fl.1801~6: 프랑스의 수학자. .

****닐스 헨리크 아벨Niels Henrik Abel: 노르웨이 수학자.

9.

이 모든 것은 연구원들, 특히 수학 교수들에게 커다란 위안이 된다. 변호사나 정치인 또는 사업가들은 때때로 학문을 하는 직업은 편안함과 안전을 우선적으로 생각하는 신중하고 야망이 없는 사람들이 추구하는 것이라고 말한다. 이것은 지극히 잘못된 비난이다. 연구원은 무언가를 포기해야 하는데, 특히 많은 돈을 벌 수 있는 기회를 포기한다(교수가 연간 2000파운드를 버는 것은 매우 어려운 일이다). 임기 보장도 당연히 이런 특별한 포기를 쉽게 만드는 고려 사항들 중 한 가지이지만 하우스먼이 그런 이유 때문에 사이먼 경*이나 비버브룩 경**이 되기를 거부했던 것은 아니었다. 그는 야망 때문에, 20년 안에 잊혀진 사람이 되는 것을 경멸했기 때문에, 그런 사람들의 경력을 거부했던 것이다.

---

*존 사이먼John Allsebrook Simon 1873~1954: 영국의 정치인. 외무장관, 대법관.

**비버브룩 경Baron Beaverbrook 1879~1964: 신문발행인, 정치인, 백만장자.

하지만 이 모든 장점들에도 불구하고 실패할 수도 있다고 느끼는 건 꽤나 고통스러운 일이다. 언젠가 버트런드 러셀*이 끔찍한 꿈에 대해 이야기해주었던 적이 있다.

서기 2100년경, 러셀은 대학 도서관의 꼭대기 층에 있었다. 도서관의 사서가 커다란 양동이를 들고 서가 사이를 돌아다니며 책을 꺼내 훑어본 후 서가에 다시 꽂아놓거나 양동이에 버리고 있었다. 마침내 그 사서가 세 권짜리 두꺼운 책 앞에 이르렀을 때, 러셀은 그것이 마지막으로 살아남아 있던 〈수학원리Principia Mathematica〉**의 사본임을 알아볼 수 있었다. 사서는 그 중 한 권을 꺼내 서너 페이지를 넘겨보았고, 기묘한 기호들 때문에 잠시 당황한 듯 보였으며, 책을 덮고 손바닥 위에 올려놓고 망설였다.

---

*버틀런드 러셀Bertrand Arthur William Russell 1872~1970: 철학자, 수학자, 사회비평가. 1950년 노벨 문학상 수상자.

**1910~1930년에 수학의 기초에 관해 버틀런드 러셀과 화이트헤드가 함께 집필한 책.

10.

수학자는 화가나 시인과 마찬가지로 패턴을 만드는 사람이다. 수학자의 패턴이 화가나 시인의 패턴보다 더 영속적이라면, 아이디어로 만들어진 것이기 때문이다. 화가는 모양과 색으로, 시인은 단어로 패턴을 만든다. 그림은 '아이디어'를 구현할 수 있지만 그 아이디어는 대개 평범하고 중요하지 않은 것이다. 시에서는 아이디어가 훨씬 더 중요하지만, 하우스먼이 주장했듯이 시에서 아이디어의 중요성은 습관적으로 과장되어 있다.

'나는 시적 아이디어와 같은 것이 있다는 것을 납득할 수 없다... 시는 말하는 내용이 아니라 말하는 방식이다.'*

거칠고 사나운 바다의 모든 물도
기름 부음 받은 왕의 향유는 씻어내지 못할 것이다.

— 셰익스피어, 〈리차드 2세〉 3막 2장

---

*하우스 먼 〈시의 명칭과 본질 The name and nature of poetry〉

시구(詩句)가 더 좋아지면서, 아이디어는 더 진부해지고 더 부실해질 수도 있을까? 아이디어의 빈곤은 언어 패턴의 아름다움에는 거의 영향을 미치지 않는 것으로 보인다. 반면에 수학자에겐 작업할 재료가 아이디어뿐이 없기 때문에, 그의 패턴이 더 오래 지속될 가능성이 크다. 아이디어는 언어보다 시간을 더 오래 견뎌내기 때문이다.

수학자의 패턴은 화가나 시인의 패턴처럼 아름다워야 하며, 아이디어는 색상이나 단어처럼 조화롭게 잘 어울려야 한다. 아름다움이 첫 번째 평가기준이다. 보기 흉한 수학은 이 세상에 영원히 자리 잡을 수 없다.

여기에서 나는 (비록 20년 전보다는 훨씬 나아진 것 같기는 해도) 여전히 널리 퍼져 있는 그릇된 생각을 다루어야 한다. 화이트헤드*는 수학의 미적 평가를 사랑하는 것은 '각 세대의 몇몇 괴짜들에게만 국한된 편집증'이라면서 '학문적 미신'이라고 불렀다.

지금은 수학의 미적 매력에 무감각한 교양인을 찾는 것은 매우 어려운 일일 것이다. 수학적 아름다움을 정의하는 것은 매우

---

*알프레드 화이트헤드Alfred North Whitehead 1861~1947: 수학자, 철학자.

어려울 수 있지만, 다른 어떤 종류의 아름다움도 마찬가지다. 아름다운 시의 정확한 의미를 모를 수는 있지만, 그렇다고 해서 그 시를 읽을 때 그 아름다움을 인식하지 못하는 것은 아니다. 심지어 수학에서 미적 요소의 중요성을 최소화하기 위해 노력하는 호그벤* 교수조차 그 실체를 부정하지는 않는다.

"수학에서 차갑고 비인격적인 매력을 발견하는 사람들이 있다는 것은 분명하다… 수학의 미적 매력이 선택된 소수에게는 대단히 생생한 것일 수 있다."

그러나 그들은 '소수'이며 '차갑게' 느낀다고 말한다(그리고 그들은 활짝 열린 공간에서 불어오는 상쾌한 바람을 피해 어리석은 작은 대학 도시에 살고 있는 상당히 우스꽝스러운 사람들이라는 것이다). 여기에서 그는 단지 화이트헤드의 '학문적 미신'을 되풀이하고 있는 것일 뿐이다.

사실 수학보다 더 '인기 있는' 학문은 거의 없다. 대부분의 사람들이 즐거운 곡조를 즐길 수 있듯이, 대부분의 사람들이 수학을 어느 정도는 이해한다. 아마 음악보다 수학에 실제로 관심이 있는 사람들이 더 많을 것이다. 겉으로 보기엔 그 반대일 것 같지만, 이것은 쉽게 설명할 수 있다.

---

*랜슬롯 호그벤Lancelot Thomas Hogben 1895~1975: 생리학자, 과학 대중서 〈백만인을 위한 수학〉의 저자.

음악은 대중의 감정을 자극하는 데 사용할 수 있지만 수학은 그렇게 하지 못한다. 음악적으로 무능력한 것은 (너무나도 당연하게) 약간 부끄러운 일로 인식되는 반면에 대부분의 사람들은 수학이라는 말만 들어도 너무 겁에 질려 자신이 수학적으로 아둔하다는 것을 지극히 꾸밈없이 과장할 준비가 되어 있기 때문이다.

아주 잠깐의 성찰만으로도 '학문적 미신'의 어리석음을 충분히 밝혀낼 수 있다.

모든 문명국가에서 많은 사람들이 체스를 즐긴다. 러시아에서는 교육받은 거의 모든 사람들이 체스를 즐기고 있다. 체스를 즐기는 사람들은 모두 체스 게임 또는 문제의 '아름다움'을 알아차리고 음미할 수 있다. 하지만 체스 문제는 단지 순수 수학의 연습일 뿐이다.(심리학도 일부 역할을 하기 때문에 전적으로 게임이라고 할 수는 없다). 비록 상대적으로 낮은 수준의 아름다움일지라도, 체스 문제를 '아름답다'고 하는 사람들은 모두 수학적인 아름다움에 환호하는 것이다. 체스 문제는 수학의 찬송가인 것이다.

조금 더 낮은 수준이지만 더 많은 대중을 위한 브리지 게임, 또는 조금 더 내려가 대중 신문의 퍼즐 칼럼에서 똑같은 교훈을 배울 수 있다. 이것들의 엄청난 인기는 거의 모두가 기초수학의 매력에서 비롯된 것이다. 듀드니나 캘리번과 같은 뛰어난 퍼즐 제작자들은 다른 요소를 거의 사용하지 않는다. 그들은 대중이 원하는 것은 약간의 지적인 '재미'이며, 수학만큼 재미있는 것이 없다는 것을 정확히 알고 있다.

진정한 수학적 정리를 발견하거나 재발견하는 것만큼 유명한 사람들(그리고 수학에 대해 상당히 깔보는 듯한 말을 했던 사람들)마저 기쁘게 하는 일은 이 세상에 없다는 말을 덧붙일 수 있겠다.

(플라톤이 2천 년 전에 이미 증명했던 것이라는 사실을 알지 못했던) 허버트 스펜서*는 자신이 스무 살 때 증명했던 원에 관한 정리를 자서전에 다시 수록했다. 좀 더 최근의 소디 교수**의 경우는 더욱 놀라운 예라 할 수 있다(하지만 그의 정리는 실제로 그 자신이 해낸 것이다.(‡〈네이처〉에 실린 서로 세 개씩 접하는, 여섯 개의 구로 이루어진 체인인 '헥슬렛(Hexlet)'에 대한 그의 글 참조)

---

*허버트 스펜서Herbert Spencer 1820~1903: 철학자, 생물학자.

**프레더릭 소디Frederick Soddy 1877~1956: 물리화학자. 1921년 노벨화학상 수상.

11.

체스 문제는 진정한 수학이지만, 어떤 면에서는 '하찮은' 수학이다. 제아무리 기발하고 복잡하고, 제아무리 독창적이며, 놀라운 수를 둔다 해도 본질적으로 부족한 것이 있다. 체스 문제는 중요하지 않다. 최고의 수학은 아름다우면서도 진지하다. '중요하다'고 표현할 수도 있겠지만, 대단히 모호한 단어이므로 '진지하다'는 것이 내가 의미하는 바를 훨씬 더 잘 표현한다.

나는 수학의 '실용적인' 결과에 대해서는 생각하지 않는다. 이 점에 대해서는 나중에 다시 논의해야 할 것이다. 현재로서는 만약 체스 문제가 투박한 의미에서 '쓸모없는' 것이라면, 대부분의 최고의 수학도 마찬가지이며, 수학에서 실질적으로 쓸모 있는 것은 거의 없고 그마저도 비교적 지루하다는 것만을 말할 수 있을 것이다.

수학 정리의 '진지함'은 대개는 무시할 수 있는 실용적인 결과가 아니라, 그 정리가 연결하고 있는 수학적 아이디어의 중요성에 있다. 대체로 수학적 아이디어가 자연스럽고 계몽적인 방식으로 다른 수학적 아이디어의 커다란 복합체와 연결될 수 있다면 '중요하다significant'고 말할 수 있다. 따라서 진지한 수학 정리, 즉 중요한 아이디어를 연결하는 정리는 수학 자체는 물론 다른 과학에서도 중요한 발전으로 이어질 가능성이 높다. 하지만 체스 문제가 과학 사상의 전반적인 발전에 영향을 끼친 적은 없다. 반면에 피타고라스, 뉴턴, 아인슈타인은 자신들이 속해 있던 시대의 과학의 방향을 완전히 바꾸어 놓았다.

물론 정리의 진지함은 그 정리의 결과에 있는 것이 아니다. 단지 정리의 진지함에 대한 증거일 뿐이다.

셰익스피어는 영어의 발전에 막대한 영향을 끼쳤으며, 오트웨이*는 거의 영향을 끼치지 못했지만, 그것이 셰익스피어가 더 훌륭한 시인이었던 이유는 아니다. 훨씬 더 좋은 시를 썼기 때문에 셰익스피어가 더 훌륭한 시인이었던 것이다. 체스 문제가 열등한 이유는 오트웨이의 시와 마찬가지로 그 내용에 있는 것이지 결과에 있는 것이 아니다.

시시한 문제가 아닌 어려운 문제이기 때문에, 그리고 내게는

*토머스 오트웨이Thomas Otway 1652~85: 극작가, 시인.

미학에 대한 진지한 토론을 할 자격이 없기 때문에 여기에서 아주 짧게만 언급하고 지나쳐야 할 한 가지 문제가 더 있다.

시에서도 한 구절의 아름다움이 그 안에 담긴 아이디어의 중요성에 따라 어느 정도 달라질 수 있듯이, 수학 정리의 아름다움은 그 진지함에 따라 크게 좌우된다.

언어 패턴의 순수한 아름다움을 보여주는 예로서 앞에서 셰익스피어의 시구 두 구절을 인용했지만, 내게는 '인생의 발작적인 열병을 앓고 난 후에도 그는 잘도 자는구나.'*라는 구절이 훨씬 더 아름다워 보인다. 패턴도 무척이나 훌륭하며, 이 경우 아이디어가 중요하고 주제가 단단해서, 우리의 감정을 훨씬 더 깊숙이 자극한다. 시에서도 패턴에는 아이디어가 중요하며, 수학에서도 당연히 아이디어가 훨씬 더 중요하다. 하지만 이 문제를 진지하게 논의하려고 시도하지는 않을 것이다.

*셰익스피어, 〈맥베스〉 3막 2장.

12.

이야기를 더 진전시키려면 이쯤에서 모든 수학자가 일류라고 인정하는 '진짜' 수학 정리의 실례를 분명하게 제시해야 할 것이다. 그런데 여기에서 지금 내가 쓰고 있는 글을 제약하는 조건으로 인해 심각한 어려움을 겪고 있다.

한편으로 내가 제시하는 실례는 매우 쉬워서 전문적인 수학적 지식이 없는 독자도 이해할 수 있어야 한다. 정교한 사전 설명이 필요 없어야 하고, 독자가 이론에 대한 체계적인 진술은 물론 증명을 따라갈 수 있어야 한다. 예를 들어, 2차상호법칙에(二次相互法則) 대한 페르마의 '두 제곱수' 정리와 같이 정수론에서 가장 아름다운 정리들 중 상당수가 이런 조건에 따라 제외된다.

다른 한편으로는 현직 전문 수학자의 '진짜pukka'* *수학에서 실례들을 가져와야 하는데, 이런 조건에서는 비교적 이해하기

*pukka: '단단하다'는 의미의 힌두어 pakka에서 차용된 단어로 영어 사용자들은 '견고하고 믿을 수 있다'는 의미로 적용해 '진짜'라는 뜻으로 사용했다. .

는 쉽지만 논리학과 수학 철학을 침범하게 되는 것들을 많이 배제하게 된다.

나로서는 그리스인들에게 돌아가는 것보다 더 나은 방법을 찾을 수는 없다. 지금부터 그리스 수학의 두 가지의 유명한 정리를 설명하고 증명할 것이다.

아이디어와 실행이 모두 '단순한' 정리지만, 최고 수준의 정리라는 것에는 전혀 의심의 여지가 없다. 각각의 정리는 처음 발견되었을 때와 마찬가지로 신선하고 중요하며, 2천 년의 세월이 지났어도 구김살이 전혀 없다. 마지막으로, 진술과 증명은 수학적 소양이 제아무리 빈약하다 해도 지적인 독자라면 누구나 한 시간 안에 마스터할 수 있다.

1. 첫 번째는 소수(素數)의 무한성에 대한 유클리드의 증명이다.(† 〈원론〉 9권 20. 〈원론〉에 나오는 많은 정리의 실제 기원은 모호하지만 유클리드의 정리가 아니라고 가정할 특별한 이유는 없다.)

소수는

(A) 2, 3, 5, 7, 11, 13, 17, 19, 23, 29, …

와 같이 더 작은 인수로 분해할 수 없는 자연수다.(☨1을 소수로 계산하지 않는 데에는 기술적인 이유들이 있다.) 따라서 37과 317은 소수이다. 소수는 곱셈을 통해 모든 수를 구성하는 재료이다. 따라서 666 = 2 · 3 · 3 · 37 이다. 소수가 아닌 모든 수는 적어도 하나의 소수로 나눌 수 있다(물론 보통은 여러 개로 나눌 수 있다). 우리는 무한히 많은 소수가 있다는 것 즉, 수열 (A)가 결코 끝나지 않는다는 것을 증명해야 한다.

그렇다면,

$$2, 3, 5, \cdots, P$$

가 전체 수열이라고 가정하자(따라서 P는 가장 큰 소수가 된다). 이 가정에 따라

$$Q = (2 \cdot 3 \cdot 5 \ldots\ldots P) + 1$$

이라는 공식으로 정의되는 수 Q를 생각해 보자.

Q가 2, 3, 5, ⋯ P 중 어떤 수로도 나누어지지 않는 것은 명백하다. 이 수들 중 어느 한 가지로 나누어도 나머지 1이 남기

때문이다. 그러나 만약 그 자체가 소수가 아니라면 어떤 소수로는 나누어질 것이므로, 이 수들 중 어느 것보다 더 큰 소수(Q자체일 수도 있다)가 있는 것이다. 이것은 P보다 큰 소수는 없다는 우리의 가정과 모순된다. 따라서 이 가정은 거짓이다.

유클리드가 그토록 사랑했던 귀류법(歸謬法, reductio ad absurdum)에 의한 이 증명은 수학자의 가장 훌륭한 무기들 중의 한 가지이다(‡ 귀류법을 사용하지 않고 증명할 수도 있으며, 일부 학파의 논리학자들은 그런 방법을 더 선호할 것이다).

이것은 그 어떤 체스 전략보다 더 멋진 전략이다. 체스 플레이어는 희생양으로 졸(卒,pawn)이나 말(馬,piece)을 제공하지만 수학자는 게임을 제공하기 때문이다.

13.

2. 두 번째 예는 $\sqrt{2}$ 가 '무리수'라는 것에 대한 피타고라스의 증명이다. (ǂ 전통적으로 피타고라스가 증명한 것으로 알려져 있으며, 그의 학파에서 만들어낸 것은 분명하다. 이 정리는 훨씬 더 일반적인 형태로 유클리드 원론 10권 9에도 등장한다.)

'유리수'는 a 와 b 가 정수인 분수 $\frac{a}{b}$ 이다. 만약 공통인수(共通因數)가 있다면 약분할 수 있기 때문에, a 와 b 는 공통인수가 없다고 가정할 수 있다.

'$\sqrt{2}$ 는 무리수'라고 말하는 것은 단순히 2가 $\left(\frac{a}{b}\right)^2$ 의 형태로 표현될 수 없다는 것을 다른 방식으로 말하는 것이다.

그리고 이것은 방정식

(B) $$a^2 = 2b^2$$

을 공통인수가 없는 a와 b의 정수값으로는 충족시킬 수 없다고 말하는 것과 같다. 이는 순수한 산술적 정리로, '무리수'에 대한 지식이 필요하지 않다. 또는 무리수의 성질에 관한 어떤 이론에도 좌우되지 않는다.

우리는 다시 귀류법에 의해 (B)가 참이고, a와 b는 공통인수가 없는 정수라고 가정하자. (B)로부터 a^2은 짝수이므로($2b^2$은 2로 나눌 수 있으므로), a 도 짝수이다(홀수의 제곱은 홀수이기 때문에).

만약 a 가 짝수라면, 어떤 정수값 c 에 대해,

(C) $a = 2c$ 이다.

그러므로,

$$2b^2 = a^2 = (2c)^2 = 4c^2$$

또는

(D) $b^2 = 2c^2$ 이 된다.

여기에서 b^2은 짝수이므로 (앞에서와 같은 이유로) b도 짝수이다. 즉, a와 b는 모두 짝수이므로 공통인수 2를 갖고 있다. 이것은 우리의 가정에 모순되므로 그 가정은 거짓인 것이다.

피타고라스의 정리에 따르면 정사각형의 대각선은 변과 통약이 불가능하다 (그것들의 비율은 유리수가 아니며, 둘 다 정수의 배수로 나타낼 단위가 없다). 만약 우리가 변을 길이의 단위로 삼고 대각선의 길이가 d라면, 매우 친숙한 피타고라스의 정리(‡유클리드, 원론 1권 47)에 따라

$$d^2 = 1^2+1^2 = 2$$가 된다.

따라서 d는 유리수가 될 수 없다.

누구나 그 의미를 이해할 수 있는 정수론으로부터 훌륭한 정리들은 얼마든지 인용할 수 있다. 예를 들어, '산술의 기본 정리'라고 부르는 것이 있는데, 모든 정수는 한 가지 방법으로만 소수의 곱으로 분해할 수 있다는 것이다. 따라서 666 = 2 · 3 · 3 · 37 외의 다른 분해가 없다. 666 = 2 · 11 · 29 이거나 13 · 89 = 17 · 73은 불가능하다(우리는 곱셈을 하지 않고도 알

수 있다). 이름에서 알 수 있듯이 이 정리는 고등산술의 기초가 된다. 하지만 그 증명은 비록 '어렵지는 않지만' 어느 정도의 사전 설명이 필요하며 수학을 전공하지 않은 독자에게는 지루하게 느껴질 수 있다.

또 다른 유명하고 아름다운 정리로는 페르마의 '두 제곱수' 정리가 있다. 소수는 (만약 특별한 소수인 2를 무시한다면) 두 가지의 부류로 정리할 수 있다. 4로 나누었을 때, 나머지가 1이 되는 소수들,

$$5, 13, 17, 29, 37, 41, \cdots$$

그리고 나머지가 3이 되는 소수들이다.

$$3, 7, 11, 19, 23, 31, \cdots$$

첫 번째 부류에 속하는 소수들은 모두 두 정수의 제곱의 합으로 표현되지만, 두 번째 부류에 속하는 소수들은 그럴 수 없다.

$$5 = 1^2+2^2 \quad 13 =2^2+3^3$$
$$17 = 1^2+4^2 \quad 29 = 2^2+5^2$$

하지만 3, 7, 11, 그리고 19는 이런 방식으로 표현할 수 없다(독자가 직접 시도해 확인해볼 수 있다).

이것은 페르마의 정리로, 매우 정당하게도, 최고의 산술 중 하나로 꼽힌다. 안타깝게도 상당히 전문적인 수학자 외에는 그 누구도 쉽게 이해할 수 있는 증명은 없다.

또한 '집합 이론'(Mengenlehre)에도 연속체의 '비가산성'에 대한 칸토어*의 정리와 같은 아름다운 정리가 있다. 여기에는 정반대의 난이도가 있다.

일단 언어를 익힌다면 증명은 충분히 쉽겠지만, 정리의 의미가 명확해지기 위해선 사전에 꽤나 많은 설명이 필요하다. 그러므로 더 많은 예들을 제시하지는 않을 것이다. 내가 제시했던 것들은 시험용 사례들이며, 그것들을 이해할 수 없는 독자는 수학에서 어떤 것도 이해하지 못할 것이다.

수학자는 아이디어의 패턴을 만드는 사람이며, 아름다움과 진지함이 그의 패턴을 판단하는 기준이라고 했다. 이 두 가지 정리를 이해했다면, 이 정리들이 이런 테스트를 통과했다는 것에 이의를 제기할 사람은 없을 것이다. 이 두 가지 정리를 듀드

*게오르크 칸토어Georg Cantor 1845~1918: 독일의 수학자.

니의 가장 독창적인 퍼즐이나 체스의 대가들이 만들어낸 최고의 체스 문제와 비교해 보면 두 가지 측면에서 모두 그 우월성이 두드러지며 명백한 수준의 차이가 있다. 두 가지 정리는 훨씬 더 진지하면서 훨씬 더 아름답다. 그렇다면 어디에 그 우월성이 있는 것인지 조금 더 자세히 나타낼 수 있을까?

14.

우선, 진지함에서 수학 정리의 우월성은 명백하고 압도적이다. 체스 문제는 독창적이지만 매우 제한적인 아이디어들을 합성한 결과물이며, 본질적으로 문제가 서로 다르지 않고 외부에 영향을 미치지 않는다. 체스가 발명되지 않았다면 우리는 줄곧 숫한 방식으로 생각했을 것이다. 반면에 유클리드와 피타고라스의 정리는 수학 외의 분야에서도 우리의 사고방식에 지대한 영향을 끼쳤다.

그러므로 유클리드의 정리는 산술의 전체 구조에 지극히 중요하다. 소수는 산술의 기초가 되는 원재료이며, 유클리드의 정리는 산술에 필요한 충분한 재료가 있다는 것을 보장해준다. 그러나 피타고라스의 정리는 더욱 폭넓게 응용되며, 더 훌륭한 정보를 제공한다.

우선 피타고라스의 논증은 다양한 분야까지 확장해 적용할 수 있으며, 원리를 거의 바꾸지 않고 매우 광범위한 부류의 '무리수'에 적용할 수 있다는 점을 주목해야 한다. 우리는 (테아이테토스*가 했던 것처럼),

$$\sqrt{3}, \sqrt{5}, \sqrt{11}, \sqrt{13}, \sqrt{17}$$

이 무리수라는 것을 매우 유사하게 증명하거나, (테아이테토스를 넘어서서) $\sqrt[3]{2}$ 와 $\sqrt[3]{17}$ 이 무리수라는 것도 증명할 수 있다.(‡하디와 라이트의 〈정수론입문〉의 4장 참조. 피타고라스의 논거에 대한 다양한 일반화와 테아이테토스에 대한 역사적인 수수께끼와 관련된 논의가 있다.)

유클리드의 정리는 우리에게 정수의 일관된(논리 정연한) 산술을 구성하기 위한 재료가 충분하다는 것을 말해준다.

피타고라스의 정리와 그 확장은 우리가 이런 산술을 만들었을 때, 우리의 필요에 충분하지 않을 것임을 알려준다. 우리의 주의를 끌기는 하지만 측정할 수 없는 크기들이 많기 때문이다. 정사각형의 대각선은 가장 알기 쉬운 예일 뿐이다. 그리스 수

*플라톤의 대화록 중 하나인 〈테아이토토스〉에 등장하는 인물로, 청년 수학자이자 철학자이다.

학자들은 이 발견의 심오한 중요성을 즉시 알아차렸다. 그들은 (아마 '상식'의 '자연스러운' 지시에 따라) 같은 종류의 모든 크기는 통약이 가능하다고 가정하는 것으로 시작했다.

예를 들어, 두 개의 길이가 일정한 공통 단위의 배수라고 가정하고, 이 가정을 기반으로 비례이론을 구성했다. 피타고라스의 발견은 이러한 근거가 불충분하다는 것을 드러냈고, 〈원론〉 제5권에 설명되어 있으며 많은 현대 수학자들이 그리스 수학 최고의 업적으로 생각하는 훨씬 더 심오한 에우독소스* 이론의 구축으로 이어졌다. 이 이론은 놀랍도록 현대적인 정신을 담고 있어, 수학적 분석에 혁명을 일으키고 현대의 철학에 많은 영향을 끼친 현대 무리수 이론의 시초로 간주될 수 있다.

그렇다면 두 정리의 '진지함'에 대해서는 전혀 의심의 여지가 없다. 그런 까닭에 두 정리 모두 '실용적'인 중요성은 조금도 없다는 점을 밝히는 것이 더 좋을 것이다. 실질적인 응용에서 우리는 비교적 작은 수에만 관심이 있다. 오직 항성천문학과 원자물리학에서만 '큰' 수를 다루며, 아직까지는 가장 추상적인 순수 수학에 비해 실용적인 중요성은 거의 없다. 엔지니어에게 유용한 최고 수준의 정확도가 무엇인지 모르겠지만, 넉넉하게 10개

*크니도스의 에우독소스Eudoxus of Cnidus BC 390~337: 수학자이며 천문학자.

의 유효숫자를 말한다면 적당할 것이다.

그렇다면 (소수점 이하 8자리까지의 π 값인) 3.14159265는 10자리 두 수의 비율이다.

$$\frac{314159265}{1000000000}$$

1,000,000,000보다 작은 소수는 50,847,478개이므로 엔지니어에게는 충분하며, 나머지가 없어도 완벽하게 만족할 수 있다.

유클리드의 정리도 마찬가지여서, 피타고라스의 정리와 관련하여 엔지니어는 근사치에만 관심이 있고 모든 근사치는 유리수이기 때문에, 무리수에는 관심을 갖지 않을 것이 분명하다.

15.

'진지한' 정리는 '중요한' 아이디어를 담고 있는 정리이며, 나는 수학적 아이디어를 중요하게 만드는 특성들에 대해 조금 더 면밀한 분석을 시도해야 한다고 생각한다.

이것은 매우 어려운 일이며, 내가 제시할 수 있는 어떤 분석도 그다지 가치가 있을 것 같지는 않다. 내가 앞에서 제시한 두 가지 표준적인 정리에서 드러나는 것처럼, 우리는 '중요한' 아이디어를 보면 곧바로 알아차릴 수 있다. 하지만 이러한 인식 능력을 갖추기 위해선 고도의 수학적 정교함과 오랜 세월을 함께 해온 수학적 아이디어와 친숙할 필요가 있다. 그래서 내가 어느 정도의 분석을 시도해야 하며, 제아무리 부적절하더라도 그것은 확고하고 알기 쉬운 분석이어야 한다. 어쨌든 필수적인 것으로 보이는 두 가지, 즉 일정한 일반성과 일정한 깊이라는 특성이 있지만 두 가지 모두 정확하게 정의하기는 쉽지 않다.

중요한 수학적 아이디어, 진지한 수학적 정리는 이와 같은 의미에서 '일반적'이어야 한다. 아이디어는 다양한 종류의 정리를 증명하는 데 사용되는 많은 수학적 구조의 구성요소여야 한다. 정리는 (피타고라스의 정리처럼) 원래 매우 특별한 형태로 명시되었다 해도 상당한 확장이 가능해야 하며, 같은 종류의 정리 전체에서 대표적인 것이어야 한다. 증명에 의해 밝혀진 관계는 다양한 수학적 아이디어를 연결하는 것이어야 하는 것이다.

이 모든 것은 대단히 모호하며, 많은 조건에 따라 달라진다. 그러나 이러한 특성들이 눈에 띄게 부족하다면 그것이 진지한 정리가 아니라는 것을 쉽게 알아차릴 수 있다. 우리는 그런 예들을 산술이 풍부하게 포함된 특이한 사례들에서 쉽게 찾아볼 수 있다. 라우스 볼*의 〈수학 레크리에이션〉(†1939년 H. S. M. 콕세터**의 개정 11판)에서 거의 무작위로 두 가지 예를 들어보자.

(a) '거꾸로 배열한' 성수의 배수인 네 자리 숫자는 8712와 9801뿐이다.

*월터 라우스 볼Walter William Rouse Ball 1850~1925: 수학자, 변호사, 수학역사학자.

**해럴드 콕세터Harold Scott MacDonald Coxeter 1907~2003: 기하학자.

$$8712 = 4 \cdot 2178, \quad 9801 = 9 \cdot 1089$$

그리고 10,000 미만의 수들 중에 이런 특성을 갖고 있는 것은 없다.

(b) (1 이후) 각 자릿수의 세제곱의 합인 수는 네 개뿐이 없다. 즉,

$$153 = 1^3 + 5^3 + 3^3, \quad 370 = 3^3 + 7^3 + 0^3$$
$$371 = 3^3 + 7^3 + 1^3, \quad 407 = 4^3 + 0^3 + 7^3$$

이것들은 퍼즐 칼럼에나 잘 어울리고 아마추어를 즐겁게 할 수 있는 기묘한 사실이지만 수학자에게는 그다지 매력적이지 않다. 증명은 어렵지도 흥미롭지도 않으며 다만 약간 지루할 뿐이다. 이 정리들은 진지하지 않다. 그 이유들 중 한 가지는 (가장 중요한 이유는 아니어도) 이론의 진술과 증명이 모두 지나치게 특수해서 일반화가 불가능하다는 것이 분명하기 때문이다.

16.

'일반성'은 모호하고 다소 위험한 말이어서 우리의 논의를 너무 많이 좌우하지 않도록 조심해야 한다. 일반성은 수학과 수학에 관한 글에서 다양한 의미로 사용되며, 특히 논리학자들이 매우 적절하게 강조해온 의미가 있지만 여기에서의 논의와는 아무런 관련이 없다. 정의하기 매우 쉬운 이런 의미에서 모든 수학적 정리는 동등하고 완벽하게 일반적이다.

화이트헤드는 '수학의 확실성은 완벽하게 추상적인 일반성에 달려 있다'고 말한다(† 〈과학과 현대 세계〉 p. 33).

우리가 2 + 3 = 5라고 주장할 때, 우리는 세 가지 '요소'의 집단들 사이의 관계를 주장하는 것이다. 그리고 이 '요소'는 사과나 동전 또는 특정하거나 다른 어떤 종류의 요소가 아니라 그저 '오래된 어떤 요소'일 뿐이다.

이 진술의 의미는 그 집단의 구성요소들이 지닌 개별적인 특성과는 아무런 관계가 없다. '2', '3', '4', '+', '='과 같은 모든 수학적 '대상' 또는 '실체' 또는 '관계'와 그것들이 등장하는 모든 수학적 명제는 완벽하게 추상적이라는 의미에서 완벽하게 일반적이다. 이런 의미에서 일반성이란 추상성이기 때문에, 화이트헤드가 사용한 단어들 중 하나는 불필요한 것이다.

일반성이라는 말의 이런 의미는 중요하며, 더욱 잘 알고 있어야 하는 많은 사람들이 잊어버리기 쉬운 자명한 이치를 구현하는 것이기 때문에 논리학자들이 일반성을 강조하는 것은 지극히 옳다. 예를 들어, 천문학자나 물리학자가 물리적 우주가 특정한 방식으로 작동해야 하는 '수학적 증거'를 찾았다고 주장하는 것은 매우 흔한 일이다. 문자 그대로 해석한다면, 이러한 주장은 모두 완전히 터무니없는 생각이다. 내일 일식이 있을 것이라는 사실을 수학적으로 증명하는 것은 불가능하다. 일식을 비롯한 물리적인 현상들은 수학의 추상적인 세계를 구성하는 요소가 아니기 때문이다. 모든 천문학자들이 아무리 많은 일식을 정확하게 예측했다 해도, 이것은 인정할 것이라고 생각한다.

지금 우리가 이런 종류의 '일반성'에는 관심이 없다는 것은 분명하다. 우리는 하나의 수학 정리와 다른 수학 정리 사이의 일반성의 차이를 찾고 있는 것이며, 화이트헤드의 의미에서 보자면 모든 정리는 동등하게 일반적이다. 따라서 15장의 '사소한' 정리 (a)와 (b)는 유클리드나 피타고라스의 정리와 마찬가지로 '추상적' 이거나 '일반적'이며, 체스 문제도 마찬가지이다.

체스 문제에서 말이 흰색과 검은색인지, 빨간색과 초록색인지, 또는 물리적인 '말'이 존재하는지의 여부는 아무런 문제도 되지 않는다. 전문가가 머릿속에 쉽게 떠올리는 문제와 우리가 체스 보드의 도움을 받아 힘들게 재구성해야 하는 문제는 똑같은 것이다.

수학 강의에서 칠판과 분필이 정리의 설명에 필수적인 것이 아닌 것처럼, 보드와 말은 그저 우리의 둔한 상상력을 자극하는 장치에 불과하며, 체스 문제에 반드시 필요한 것은 아니다.

우리가 지금 찾고 있는 것은 모든 수학 정리에 공통적으로 적용되는 이런 종류의 일반성이 아니라, 15장에서 대략적인 용어로 설명하려고 했던 좀 더 미묘하고 파악하기 어려운 종류의 일반성이다. 그리고 우리는 이런 종류의 일반성에 대해 너무 강조하지 않도록 주의해야 한다(나는 화이트헤드와 같은 논리학자들에게 그런 경향이 있다고 생각한다).

이것은 단순히 현대 수학의 뛰어난 성과인 '일반화의 미묘함

위에 일반화의 미묘함을 쌓아 올리는 것'(‡〈과학과 현대 세계〉 p.44)이 아니다. 모든 고등 정리에는 어느 정도의 일반성이 반드시 존재하지만, 너무 많다면 필연적으로 무미건조해지는 경향이 있다. '모든 것은 그 자체로 존재하는 것이지, 다른 것이 아니'며, 사물 간의 차이는 유사성만큼이나 흥미롭다.

우리가 친구를 선택하는 것은 그가 인간의 유쾌한 특성을 모두 갖추고 있기 때문이 아니라, 있는 그대로의 사람이기 때문에 선택하는 것이다. 수학에서도 마찬가지다. 너무나도 많은 대상들에게 나타나는 공통적인 속성은 그다지 흥미롭지 않으며, 개성이 풍부하지 않다면 수학적 아이디어도 애매해진다. 어쨌든 여기에서 나는 화이트헤드의 말을 내 입장에 맞게 인용할 수 있다. '적절한 특수성에 의해 제한되는 폭넓은 일반화가 생산적인 개념이다.'(‡〈과학과 현대 세계〉 p. 46)

17.

내가 중요한 아이디어에 필요하다고 했던 두 번째 특성은 깊이였다. 이것은 훨씬 더 정의하기 어렵다. 깊이는 어려움과 관련이 있어서, 일반적으로 '깊이 있는' 아이디어일수록 이해하기 더 어렵다고 생각하기 쉽지만, 전혀 그렇지 않다.

피타고라스의 정리와 그 일반화의 근간이 되는 아이디어는 상당한 깊이가 있는 것이지만, 현재 그것이 어렵다고 생각하는 수학자는 없을 것이다. 반면에 정리는 본질적으로 피상적이지만 (많은 '디오판토스'*의 정리들, 즉 정수로 된 방정식의 해에 관한 정리들이 그렇듯이) 증명하기는 매우 어려울 수 있다.

수학적 아이디어는 어떤 식으로는 계층적으로 배열되어 있으며, 각 계층의 아이디어들은 같은 계층은 물론 위아래 계층의 아이디어들과 복잡한 관계로 연결되어 있는 것처럼 보인다. 계

*알렉산드리아의 디오판토스Diophantus of Alexandria 200~285: 고대 그리스의 수학자. 방정식의 아버지로 불리며, 〈산수론Arithmetica〉를 집필했다.

층이 낮을수록 아이디어는 더 깊이가 있으며 (일반적으로 더 어렵다). 따라서 '무리수'라는 개념은 정수보다 더 깊이가 있으며, 그런 이유로 피타고라스의 정리는 유클리드의 정리보다 더 깊이가 있다.

이제 정수들 간의 관계 또는 어떤 특정 계층에 있는 다른 대상 집단 간의 관계에 집중해 보자. 그러면 이러한 관계들 중 한 가지가 완전히 이해될 수도 있다. 예를 들어, 하위계층의 내용에 대한 지식 없이도 정수의 일부 속성을 인식하고 증명할 수 있다. 그래서 우리는 정수의 속성만을 고려하여 유클리드의 정리를 증명했다. 그러나 더 깊이 파고들어 하위계층에서 일어나는 일을 고려하지 않고는 제대로 이해할 수 없고 증명하기도 어려운 정리들도 많이 있다.

소수의 이론에서 그 예를 쉽게 찾을 수 있다.

유클리드의 정리는 매우 중요하지만 그다지 심오하지는 않다. '나누어떨어짐'보다 더 깊이 있는 개념을 사용하지 않고도 소수가 무한히 많다는 것을 증명할 수 있다.

하지만 이 정리에 대한 답을 알게 되자마자 새로운 질문들이 저절로 떠오르게 된다.

소수가 무한히 많다면, 그 무한히 많은 소수들은 어떻게 분포되어 있을까?

10^{80}이거나 $10^{10^{10}}$ (ǂ 우주의 양성자 수는 약 10^{80}이라고 가정한다. 숫자 $10^{10^{10}}$을 길게 늘여 쓰면 평균 크기의 책 약 50,000권을 차지할 것이다)과 같은 큰 수 N이 있다고 가정하면, N보다 작은 소수는 몇 개나 있을까?(ǂ 14장에서 언급했듯이 1,000,000,000보다 작은 소수는 50,847,478개이지만, 우리가 정확히 아는 범위는 여기까지이다.)

이런 질문들을 할 때, 우리가 다른 입장에 놓이게 된다는 것을 알게 된다. 우리는 이 질문들에 대해 놀라울 정도로 정확하게 대답할 수 있지만, 정수는 잠시 잊어버리고 훨씬 더 깊이 파고 들어가, 현대 함수 이론의 가장 강력한 무기들을 사용해야만 대답할 수 있다. 그러므로 우리의 질문에 답해줄 정리(이른바 '소수 정리')는 유클리드나 피타고라스의 정리보다 훨씬 더 깊이 있는 정리이다.

훨씬 더 많은 예를 들 수 있지만, 이 '깊이'라는 개념은 그것을 알아차리는 수학자에게도 파악하기 어려운 개념이다. 그러므로 여기에서 더 많이 언급하는 것이 독자들에게 큰 도움이 될 것 같지는 않다.

18.

'진짜 수학'과 체스를 비교하기 시작했던 11장에서 지나쳤던 한 가지 문제가 여전히 남아있다. 이제 우리는 진정한 수학 정리가 그 본질과 진지함 그리고 중요성이라는 면에서 압도적으로 우월하다는 것을 당연하게 받아들일 수 있다. 이와 마찬가지로 지성인에게는 수학 정리가 월등하게 아름답다는 것 또한 거의 분명하지만, 이런 우월성을 정의하거나 자리매김하는 것은 무척이나 어렵다.

체스 문제의 주요한 결함은 '사소함'이라는 것이 분명한데, 이런 측면에서 대조하는 것은 그 이상의 순수한 미적 판단과 뒤섞여 혼란을 일으키기 때문이다. 우리는 과연 유클리드나 피타고라스의 정리와 같은 것에서 어떤 '순수한 미적' 특성을 구별해낼 수 있을까? 나는 두서없이 짧게 언급하는 것 이상의 위험을 감수하지는 않을 것이다.

두 가지 정리에는 모두(나는 이 정리들에 증명도 당연히 포함시킨다) 필연성과 경제성이 결합된 매우 높은 수준의 의외성이 있다. 논증은 매우 기이하고 놀라운 형태를 취하고, 사용된 공격 수단은 광범위한 결과와 비교하면 유치할 정도로 단순해 보이지만 결론에서 벗어나지는 않는다. 세부적으로 복잡하지도 않아서, 각각의 경우에 한 줄의 공격만으로도 충분하다. 완전히 이해하려면 상당히 높은 수준의 기술적 숙련도가 필요한 훨씬 더 어려운 많은 정리의 증명에서도 마찬가지다.

우리는 수학 정리의 증명에서 많은 '변형'을 원하지 않는다. 실제로 '경우의 열거'는 수학적 논증의 지루한 형태들 중의 한 가지이다. 수학적 증명은 은하수에 흩어져 있는 성단(星團)이 아니라 단순하고 명료한 별자리와 비슷해야 한다.

체스 문제에도 예상치 못한 돌발 상황과 일정한 질서가 존재하므로, 말들의 움직임이 놀라워야 하고 보드 위의 모든 말들이 제 역할을 해야 한다. 하지만 미적인 효과는 누적되는 것이다. 또한 (문제가 너무 단순해서 정말 재미없는 경우가 아니라면) 핵심적인 움직임 이후에는 각각의 고유한 답을 요구하는 다양한 변형들이 뒤따라야 한다. '만약 P−B5라면 Kt−R6, 만약 …라면 …, 만약 …라면 …'와 같이 다양한 응수들이 나오지 않는다면 (미적인) 효과는 엉망이 되고 말 것이다. 이 모든 것이 진정한 수학이며 그 나름의 장점도 있지만, 진짜 수학자가 경멸하기 십상인 '경우들을 열거한 증명'(그리고 근본적으로 전혀 다르지 않은 경우들을 열거하는 증명(‡요즘에는 같은 유형의 변형이 많아야만 훌륭한 문제라고 생각하는 것 같다)일 뿐이다.

나는 체스 플레이어 자신의 감정을 강조하는 것으로 내 주장을 뒷받침할 수 있다고 생각한다. 위대한 게임과 훌륭한 승부를 펼치는 체스 마스터는 분명 체스 문제 연구가의 순전히 수학적인 기술을 경멸할 것이다. 그는 체스 문제들을 충분히 마련해두고 있으며, 비상시에 '그가 이런저런 수를 둔다면 나는 이런저런 움직임으로 승리할 것'이라는 작전을 만들어낼 수 있다. 그러나 체스의 '위대한 게임'은 우선적으로 심리적이며, 훈련된 지능과 다른 지능 사이의 갈등이지 단순히 자잘한 수학 정리들을 모아둔 것은 아니다.

19.

이제 내가 옥스퍼드의 첫 강연에서 했던 변명으로 돌아가, 6장에서 미루어두었던 몇 가지 사항들을 좀 더 상세하게 검토해보아야 할 것 같다. 지금쯤이면 내가 창의적인 예술로서의 수학에만 관심이 있다는 것은 분명해졌을 것이다. 그러나 고려해야 할 다른 질문들이 있으며, 특히 수학의 '유용성' (또는 쓸모없음)에 대한 질문에는 혼란스러운 생각들이 많이 있다. 또한 내가 옥스퍼드 강의에서 당연하게 인정했던 것처럼 수학이 실제로 그렇게 '무해한' 것인지에 대해서도 생각해봐야 할 것이다.

과학이나 예술의 발전이 간접적일지라도 인간의 물질적인 행복과 안락함을 늘려준다면, 흔히 말하듯이 이른바 행복을 증진시킨다면 '유용하다'고 말할 수도 있다. 따라서 의학과 생리학은 인간의 고통을 덜어주기 때문에 유용하며, 공학은 주택과 교량을 건설하여 삶의 수준을 높이는 데 도움이 되기 때문에 유용하다(물론, 공학이 해를 끼치기도 하지만 그것이 지금 다루고 있는 문제는 아니다).

이제 이런 방식으로 일부 수학이 유용한 것은 분명하다. 즉, 공학자는 수학에 대한 상당한 실용적인 지식 없이는 업무를 수행할 수 없으며, 수학은 생리학에서도 응용 방법을 찾기 시작했다. 따라서 여기에 우리가 수학을 옹호할 수 있는 근거가 있다. 이것이 최선이거나 특별히 강력한 방어는 아닐지라도, 우리가 반드시 검토해야 할 측면일 것이다.

수학의 '고상한' 용도, 즉 수학이 모든 창조적 예술과 공유하는 용도는 우리의 검토와는 무관할 것이다. 수학은 시나 음악처럼 '고상한 정신 습관을 증진하고 유지'하여 수학자는 물론 다른 사람들의 행복을 증진시켜줄 수는 있지만, 그런 근거로 수학을 옹호하는 것은 내가 이미 말했던 것을 자세하게 설명하는 것에 불과할 것이다. 이제 우리가 고려해야 할 것은 수학의 '있는 그대로의' 유용성이다.

20.

이 모든 것이 매우 분명해 보일 수 있지만, 여기에서도 종종 많은 혼란이 있다. 가장 '유용한' 학문은 일반적으로 우리들 대부분이 배우기에는 가장 쓸모없는 것이기 때문이다. 생리학자와 공학자가 충분히 공급되는 것은 유용하지만, 생리학이나 공학은 일반인에게 유용한 학문이 아니다(물론 다른 근거를 들어 이 학문들을 옹호할 수도 있기는 하다). 나로서는 순수 수학을 제외하고는 내가 알고 있던 과학 지식이 조금이라도 도움이 되었던 상황은 한 번도 없었다.

보통 사람들에게는 과학 지식이 얼마나 실용적인 가치가 없는지, 가치 있는 지식이라는 것이 얼마나 따분하고 진부한 것인지, 그리고 그 가치가 유용성이라는 평판과 거의 반비례하는 것처럼 보인다는 것은 참으로 놀라운 일이다.

일반적인 산술(물론 이것은 순수 수학이다)을 웬만큼 빨리 하는 것은 유용하다. 약간의 프랑스어나 독일어, 약간의 역사 및 지리, 심지어 약간의 경제학을 아는 것도 유용하다. 그러나 약간의 화학, 물리학 또는 생리학은 일상생활에서 아무런 가치가 없다. 우리는 가스의 성질을 몰라도 가스가 연소한다는 것을 알고 있으며, 자동차가 고장이 나면 정비소로 가져가고, 위장에 이상이 생기면 병원이나 약국에 간다. 우리는 경험칙이나 다른 사람의 전문지식에 의존해 살아간다.

그러나 이것은 자녀들을 위한 '유용한' 교육을 극성스럽게 요구하는 부모에게 조언을 해야 하는 학교 교사들만이 관심을 갖는 교수법과 관련된 부수적인 문제이다. 물론 생리학이 유용하다고 말할 때, 대부분의 사람들이 생리학을 공부해야 한다는 의미는 아니지만 소수의 전문가에 의한 생리학의 발전이 대다수의 편안함을 증가시킬 것이라는 의미이다.

지금 우리에게 중요한 질문은 수학이 이러한 유용성을 어느 정도까지 주장할 수 있는지, 어떤 종류의 수학이 가장 강력하게 유용성을 주장할 수 있는지, 이러한 근거만으로 수학자들이 이해하고 있는 수학의 집중적인 연구가 어느 정도까지 정당화될 수 있는가이다.

21.

지금쯤이면 어쩌면 내가 어떤 결론을 내리려 하는지 분명히 알 수 있을 것이므로, 즉시 독단적으로 밝힌 다음 조금 더 자세히 설명하기로 하자. 상당수의 초등수학(나는 전문 수학자들이 사용하는 의미에서 '초등'이라는 단어를 사용한다. 예를 들어, 미분과 적분에 대한 꽤 많은 실용적인 지식을 포함하는 수학이다)이 상당한 실용적인 유용성을 갖고 있다는 것은 부인할 수 없는 사실이다.

수학의 이 부분은 전반적으로 다소 지루하며, 미적인 가치가 가장 적은 부분이나. '신짜' 수학자들의 '진짜' 수학, 즉 페르마와 오일러*, 가우스와 아벨, 리만의 수학은 거의 전적으로 '쓸모없는' 수학이다(이것은 '순수' 수학뿐만 아니라 '응용' 수학에서도 마찬가지다). 진정한 전문 수학자의 삶을 그가 해낸 연구의

* 레온하르트 오일러Leonhard Euler 1707~83: 스위스의 수학자, 물리학자.

'유용성'을 근거로 정당화하는 것은 불가능하다.

하지만 여기서 한 가지 오해를 짚고 넘어가야 한다. 때때로 순수 수학자들은 자신의 연구가 쓸모없다는 것을 자랑스럽게 여기고 실용적으로 응용할 수 없다는 것을 자랑으로 삼는다는 말을 듣고 있다는 것이다(✝나도 이런 견해를 갖고 있다는 비난을 받은 적이 있다. 나는 '과학의 발전이 부의 분배에서 기존의 불평등을 더욱 악화시키는 경향이 있거나, 인간적인 삶의 파괴를 더 직접적으로 조장할 때 과학은 유용하다고 할 수 있다'고 말한 적이 있다. 1915년에 쓴 이 문장은 나를 지지하거나 반대하는 사람들이 여러 번 인용한 바 있다. 물론 이 문장을 작성했던 당시에는 용납될 수 있는 것이었지만, 이 문장은 당연히 의도적인 수사적 표현이었다).

이런 비방은 대개 '수학이 과학의 여왕이라면 정수론은 그 최고의 쓸모없음 때문에 수학의 여왕이다'라는 가우스의 경솔한 말을 근거로 하는 경우가 많은데, 나는 그 정확한 인용문을 찾지는 못했다. 나는 가우스의 말이 (실제로 그의 말이라면) 다소 조잡하게 잘못 해석된 것이라고 확신한다.

만약 정수론이 실용적이며 눈에 띄게 명예로운 목적을 위해 사용될 수 있다면, 생리학이나 화학이 그럴 수 있듯이 인간의 행복을 증진하거나 고통을 덜어주는 데 직접적으로 사용될 수 있다면, 가우스나 다른 수학자 모두 그런 응용을 비난하거나 후회할 만큼 어리석지는 않을 것이다. 그러나 과학은 선은 물론 (특히 전쟁 중에는) 악을 위해서도 활용되며, 가우스를 비롯한 수학자들이 어쨌든 하나의 과학이 있으며, 일상적인 인간의 활동에서 멀리 떨어져 있는 자신들의 과학을 온화하고 깨끗하게 유지해야 한다는 것을 기뻐하는 것은 정당화될 수 있다.

22.

우리가 경계해야 할 또 다른 오해가 있다. '순수' 수학과 '응용' 수학 사이에는 유용성에서 커다란 차이가 있다고 생각하는 것은 매우 자연스럽다. 하지만 이것은 착각이다. 잠시 후에 설명하겠지만, 두 종류의 수학 사이에는 뚜렷한 차이가 있지만 그 차이가 유용성에는 거의 영향을 미치지 않는다.

순수 수학자와 응용 수학자는 서로 어떻게 다를까? 이 질문은 명확하게 답변할 수 있는 것이며, 그 답변에 대해 수학자들 사이에서는 일반적으로 동의한다.

내 답변이 전혀 비정상적인 것은 아니겠지만 약간의 전제는 필요하다. 다음에 이어지는 내용에는 어느 정도 철학적인 풍미가 있을 것이다.

철학이 나의 주요한 논제에 깊숙이 개입하거나, 어떤 식으로든 절대적으로 중요하지는 않을 것이지만, 명확한 철학적 함의를 지닌 단어들을 매우 자주 사용할 것인데, 내가 그 단어들을 어떻게 사용할 것인지를 미리 설명하지 않는다면 독자들은 혼란스러워할 수 있다.

나는 '진짜'라는 형용사를 자주 사용했고, 대화에서도 이 형용사를 자주 사용한다. 나는 '진짜 시'나 '진짜 시인'을 말하듯이 '진짜 수학'과 '진짜 수학자'에 대해 이야기해왔으며 앞으로도 계속 그렇게 할 것이다. 그러나 나는 '실재'라는 단어도 두 가지 다른 의미로 사용할 것이다.

우선 나는 '물리적 실재'에 대해 이야기할 것이며, 여기에서도 이 단어를 일반적인 의미로 사용할 것이다. 물리적 실재란 물질 세계, 낮과 밤의 세계, 지진과 일식 등 물리과학이 설명하고자 하는 세계를 의미한다.

지금까지는 나의 언어에서 어떤 문제를 겪는 독자는 없었을 것이라고 생각하지만, 지금 나는 약간 더 어려운 지점에 가까이 접근해 있다. 나 자신과 대부분의 수학자들에게는 '수학적 실재'라고 부르는 또 다른 실재가 있다. 그리고 수학자나 철학자들 사이에는 수학적 실재의 본질에 대해 어떤 종류의 의견일치도 없다. 어떤 사람들은 그것이 '정신적'이며 어떤 의미에서는 우리가 그것을 구성한다고 주장하며, 다른 사람들은 그것이 우리의 외부에 있는 독립적인 것이라고 주장한다.

수학적 실재에 대해 설득력 있게 설명할 수 있는 사람이라면 이미 형이상학의 가장 어려운 문제들 중 상당수를 해결했을 것이다. 만약 그 사람이 자신의 설명 속에 물리적 실재를 포함시킬 수 있었다면, 그는 모든 문제들을 해결했을 것이다.

설령 내게 그럴 능력이 있다 해도 여기에서 이러한 질문들에 대해 논쟁하고 싶지는 않지만 사소한 오해들을 피하기 위해서라도 나의 입장을 독단적으로 밝힐 것이다.

나는 수학적 실재는 우리의 외부에 있고, 우리의 역할은 그것을 발견하거나 관찰하는 것이며, 우리가 증명하고 '창조물'이라고 장황하게 설명하는 정리들은 단지 우리가 관찰한 내용을 기록한 것에 불과하다고 믿는다. 이러한 견해는 플라톤 이래로 명망 높은 많은 철학자들이 어떤 형태로든 견지해 왔으며, 나는 이를 견지하는 사람에게 어울리는 자연스러운 언어를 사용할 것이다. 철학에 익숙하지 않은 독자가 그 언어를 바꿀 수는 있겠지만, 그것이 나의 결론에는 아무런 영향을 미치지는 않을 것이다.

23.

순수 수학과 응용 수학의 현저한 차이는 아마 기하학에서 가장 뚜렷하게 드러날 것이다. 순수 기하학은(✝물론 이 논의의 목적상 수학자들이 '해석' 기하학이라고 부르는 것을 순수 기하학으로 간주해야 한다) 사영(射影) 기하학, 유클리드 기하학, 비유클리드 기하학 등 다양한 기하학을 포괄하는 학문의 한 분야이다. 이러한 각각의 기하학은 하나의 모델이자 아이디어의 패턴이며, 특정한 패턴에 대한 관심과 아름다움으로 판단되어야 한다.

이것은 많은 사람들이 협력해 만들어낸 지도 또는 그림으로서 수학적 실재의 일부를 부분적으로 불완전하게 (그러나 그 범위만큼은 정확하게) 복사한 것이다. 그러나 지금 우리에게 중요한 점은 순수 기하학이 어떤 경우에도 물리적 세계의 시공간적 실재를 나타내는 그림은 아니라는 사실이다. 지진과 일식은 수학적 개념이 아니기 때문에 그렇게 될 수 없다는 것은 분명하다. 외부의 인사들에게는 약간 역설적으로 들릴지도 모르지만 기하학자라면 누구나 익히 알고 있는 사실이며, 예시를 통해 더 명확하게 설명할 수 있을 것이다.

내가 일반적인 유클리드 기하학과 같은 어떤 기하학 체계에 대해 강의하고 있고, 청중의 상상력을 자극하기 위해 칠판에 직선이나 원 또는 타원을 대략적으로 그린다고 가정해보자.

첫째, 내가 증명하려는 정리들의 진실성은 내가 그린 그림의 품질에 전혀 영향을 받지 않는다는 것은 분명하다. 그림들의 기능은 단지 내 말의 의미를 청중에게 전달하는 것일 뿐이며, 내가 의미를 전달할 수 있다면 가장 숙련된 화가에게 다시 그리게 한다 해도 별다른 이득은 없을 것이다. 그림들은 내 강의의 실질적인 주제가 아닌 교육적인 삽화일 뿐인 것이다.

이제 한 단계 더 나아가 보기로 하자. 내가 강의를 하고 있는 이 강의실은 물리적 세계의 일부이며, 그 자체로 일정한 패턴을 가지고 있다.

그 패턴과 물리적 실재의 일반적인 패턴을 연구하는 것은 그 자체로 하나의 과학 분야이며, 우리는 이를 '물리 기하학'이라 부를 수 있다. 이제 강력한 발전기 또는 거대한 중력을 받는 어떤 물체가 강의실 안으로 들어왔다고 가정해보자. 그러면 물리학자들은 강의실의 기하학적 구조가 변경되어 전체적인 물리적 패턴이 약간이지만 확실하게 왜곡되었다고 말한다.

그로 인해 내가 증명했던 정리들이 거짓이 되는 것일까? 내가 증명한 정리들이 어떤 식으로든 영향을 받는다고 생각하는 것은 터무니없는 일이다. 그것은 마치 셰익스피어의 희곡을 읽던 독자가 책장 위에 차를 엎질렀을 때 그 내용이 바뀐다고 생각하는 것과 같다. 셰익스피어의 희곡은 인쇄된 페이지와는 관계가 없으며, '순수 기하학'은 강의실이나 물리적 세계의 그 어떤 지엽적인 것과는 아무런 관계도 없다.

이것이 순수 수학자의 관점이다. 응용 수학자와 수리 물리학자는 구조나 패턴을 가진 물리적 세계 자체에 몰두하기 때문에 당연히 다른 관점을 갖고 있다. 우리는 순수 기하학의 경우처럼 이 패턴을 정확하게 설명할 수는 없지만, 이 패턴에 대해 중요한 것을 말할 수는 있다.

우리는 일부 구성요소 간에 유지되는 관계를 때로는 상당히 정확하게, 때로는 매우 대략적으로 기술할 수 있다. 그리고 이것을 순수 기하학 체계의 구성요소 간에 유지되는 정확한 관계와 비교할 수 있다. 이 두 가지 관계 집합 사이에서 어떤 유사성을 추적할 수 있다면 물리학자들도 순수 기하학에 흥미를 갖게 될 것이고, 그 정도까지는 물리적 세계의 '사실에 부합하는' 지도를 제공할 것이다. 기하학자는 물리학자가 선택할 수 있는 여러 가지 지도들을 제공한다.

어쩌면 어느 한 가지 지도는 다른 지도들보다 사실에 더 부합할 것이고, 그러면 그 특정한 지도를 제공하는 기하학은 응용 수학에서 가장 중요한 기하학이 될 것이다. 한마디 덧붙이자면, 물리적 세계에 전혀 흥미를 느끼지 않을 정도로 순수한 수학자는 없을 것이므로 순수 수학자일지라도 이런 기하학에 대한 이해가 한층 더 빨라질 것이다. 그러나 이런 유혹에 굴복하는 한 그는 순수한 수학적 입장을 포기하는 것이 될 것이다.

24.

여기에서 제시하는 또 다른 발언은 물리학자들이 역설적(逆說的)이라고 생각할 수 있는 것이지만, 아마 18년 전보다는 훨씬 덜 역설적으로 보일 것이다. 내가 1922년 영국 학술협회의 섹션 A의 연설에서 사용했던 것과 거의 똑같이 표현해보기로 하겠다. 당시 청중은 거의 전부가 물리학자로 구성되어 있었으며, 그런 이유로 약간은 도발적으로 말했을 수도 있다. 그러나 내가 했던 강연의 내용에는 변함이 없다.

나는 수학자와 물리학자 사이의 입장 차이가 일반적으로 생각하는 것보다 적을 것이며, 내가 보기에 '가장 중요한 것은 수학자가 현실과 훨씬 더 직접적으로 접촉하고 있다는 것'이라는 말로 강연을 시작했다. 일반적으로 '실재'라고 묘사되는 주제를 다루는 것은 물리학자이기 때문에 이 말은 역설처럼 보일 수 있다. 하지만 아주 조금만 생각해 보면 물리학자의 실재는 그것이 무엇이든 본능적으로 상식이 실재에 부여하는 속성을 거의 또는 전혀 가지고 있지 않다는 것을 알 수 있다. 의자는 소용돌이치는 전자의 집합일 수도 있고, 신의 마음속에 있는 아이디어일 수도 있다. 의자에 대한 이런 설명들은 저마다 장점이 있을 수는 있지만 상식적인 제안과는 전혀 일치하지 않는다.

이어서 나는 철학자나 물리학자 모두 '물리적 실재'가 무엇인지에 대해 설득력 있는 설명을 제공한 적이 없다고 했다. 또한 물리학자가 무질서한 사실이나 감각의 덩어리에서 시작하여 그가 '실재'라고 부르는 대상의 생성까지 어떻게 진행되는지에 대해 설득력 있는 설명을 제공한 적이 없다고 말했다.

따라서 우리는 물리학의 주제가 무엇인지 이해한다고 말할 수는 없다. 그렇다고 해서 이것이 물리학자가 무엇을 하려고 하는지를 대략적으로 이해하는 데 방해가 되지는 않는다. 물리학자가 자신이 맞닥뜨린 일관성 없는 조잡한 사실을 추상적인 관계에 대한 명확하고 질서 있는 도식, 오직 수학에서만 빌려올 수 있는 종류의 도식과 연관시키려고 노력하고 있는 것은 분명하다.

반면에 수학자는 자신의 수학적 실재를 대상으로 연구하고 있다. 22장에서 설명했듯이 나는 이 실재에 대해 '이상주의적인' 관점이 아닌 '현실적인' 관점을 갖고 있다. 어쨌든 (그리고 이것이 나의 주요 논점이다) 이 현실적인 관점은 물리적인 실재보다 수학적인 실재가 훨씬 더 타당해 보인다. 수학적인 대상은 보이는 것보다 훨씬 더 많기 때문이다.

의자나 별은 겉으로 보이는 것과는 전혀 다르다. 그것에 대해 생각하면 할수록 그것을 둘러싼 감각의 안개 속에서 윤곽이 점점 더 흐릿해지지만, '2'나 '317'은 감각과는 아무런 관련이 없으며, 자세히 들여다볼수록 그 속성이 더욱 선명하게 드러나기 때문이다.

현대 물리학이 이상주의 철학의 일정한 구조에 가장 잘 들어맞는다고 생각할 수도 있다. 나는 그렇게 생각하지 않지만, 그렇게 말하는 저명한 물리학자들이 있다. 반면에 순수 수학은 모든 이상주의의 기초가 되는 반석처럼 보인다.

317이 소수인 것은, 우리가 그렇게 생각하거나 우리의 마음이 다른 방식이 아닌 어떤 한 가지 방식으로 형성되어 있기 때문이 아니다. 그것이 실제로 소수이기 때문이며, 수학적 실재가 그렇게 구축되어 있기 때문이다.

25.

순수 수학과 응용 수학의 이러한 차이는 그 자체로 중요하지만, 수학의 '유용성'에 대한 우리의 논의와는 거의 아무런 관련이 없다. 21장에서 페르마와 다른 위대한 수학자들의 '진짜' 수학에 대해 이야기했다.

예를 들어, 최고의 그리스 수학처럼 영구적인 미적 가치를 지닌 수학, 최고의 문학처럼 수천 년이 지난 후에도 수많은 사람들에게 지속적으로 강렬한 정서적 만족을 줄 수 있기 때문에 영원한 수학에 대해 이야기했다. 이 사람들은 모두 순수 수학자였지만(물론 그 시대에는 지금보다 그 구분이 뚜렷하지는 않았겠지만), 나는 순수 수학만 생각하는 것이 아니다. 나는 맥스웰과 아인슈타인 그리고 에딩턴과 디랙을 '진짜' 수학자로 꼽는다.* 응용 수학의 위대한 현대적 업적은 상대성이론과 양자역학에

*제임스 맥스웰James Clerk Maxwell 1831~79: 물리학자, 수학자.
아서 에딩턴Arthur Stanley Eddington 1882~1944: 천문학자, 물리학자.
폴 디랙Paul Adrien Maurice Dirac, 1902~84: 물리학자. 양자이론의 발전에 공헌했다.

있으며, 이러한 주제들은 현재로서는 정수론만큼이나 거의 '쓸모가 없는' 주제이다.

순수 수학의 지루하고 기초적인 부분이 그렇듯이 응용 수학의 경우에도 지루하고 기초적인 부분이 좋은 결과이거나 나쁜 결과를 가져온다. 시간이 이 모든 것을 바꿀 수 있을 것이다.

행렬과 집합을 비롯한 순수 수학이론이 현대물리학에서 응용될 것이라고 예견한 사람은 아무도 없었다. '고급' 응용수학 중 일부가 예상치 못한 방식으로 '유용'해질 수도 있겠지만, 지금까지의 증거는 어떤 주제에서든 실생활에 중요한 것은 평범하고 지루한 것이라는 결론을 가리키고 있다.

나는 에딩턴이 '유용한' 과학은 매력이 없다는 것에 대해 적절한 예를 제시했던 것을 기억한다.

리즈에서 강연회를 열게 된 영국 학술협회는 회원들이 '양모' 산업에 과학이 어떻게 적용되는지를 알고 싶어 할 것이라고 예상했다. 그러나 이런 목적으로 준비된 강의와 실연은 오히려 대실패였다. (리즈 시민이든 아니든) 회원들은 재미있는 강연을 원했고, '양모'는 재미있는 주제가 전혀 아니었던 것이다. 그래서 이런 주제의 강연은 청중들의 참여가 매우 저조했지만, 크노소스의 발굴이나 상대성이론 또는 소수에 대해 강의했던 사람들은 몰려드는 청중에 기쁨을 감추지 못했다.

26.

과연 수학의 어떤 분야가 유용할까?

첫째, 학교 수학, 산술, 초등 대수, 초등 유클리드 기하학, 초등 미적분학의 대부분이 유용하다. 사영기하학과 같이 '전문가'가 배우는 일정한 부분은 제외해야 한다. 응용수학에서는 역학의 요소(학교에서 가르치는 전기는 물리학으로 분류되어야 한다)가 유용하다. 다음으로, 대학 수학의 상당 부분도 유용하며, 그 중 일부는 실제로 학교 수학을 좀 더 완성된 기술로 발전시킨 부분이며, 전기 및 유체역학과 같은 보다 물리적인 과목의 일정한 부분도 유용하다.

또한 우리는 지식을 비축하고 있는 것이 언제나 도움이 되며, 가장 실용적인 수학자일지라도 필수적인 최소한의 지식만을 갖추고 있다면 심각한 어려움을 겪게 된다는 것도 기억해야 한다. 이러한 이유로 모든 표제(表題) 밑에는 약간의 설명을 추가해야만 한다. 그러나 우리의 일반적인 결론은 우수한 공학자나 온건한 물리학자가 원하는 것과 같은 수학이 유용하다는 것이다. 그런 수학은 특별한 미학적 장점이 없는 수학이라는 말과 거의 같은 의미이다. 예를 들어, 유클리드 기하학은 지루한 경우에만 유용하다. 우리는 평행의 공리, 비례의 법칙, 정오각형의 작도와 같은 기하학을 원하지 않는다.

순수 수학이 응용 수학보다 훨씬 더 유용하다는 다소 기묘한 결론이 도출된다. 순수 수학자는 미적인 측면뿐만 아니라 실용적인 측면에서도 우위를 차지하는 것으로 보인다. 무엇보다도 유용한 것은 기술인데, 수학적 기술은 주로 순수 수학을 통해 배우기 때문이다.

내가 최고의 상상력을 총동원하여 놀라운 문제들을 다루는 훌륭한 학문인 수리물리학을 폄하하려고 한다는 말은 하지 않았으면 좋겠다. 하지만 평범한 응용수학자의 입장은 어떤 면에서는 조금 애처로운 것이 아닐까? 응용수학자는 쓸모 있는 사람이 되고 싶다면 단조로운 일을 해야 하고, 높은 자리에 오르고 싶다 해도 자신의 상상을 마음껏 펼칠 수 없어야 한다.

'상상의' 우주는 어리석게 구성된 '실제' 우주보다 훨씬 더 아름다우며, 응용수학자의 상상이 만들어낸 가장 훌륭한 창작물 대부분이 사실에 부합하지 않는다는 잔인하지만 타당한 이유 때문에 만들어지자마자 거부되어야 하는 것이다.

확실히 일반적인 결론은 명확하다. 우리가 잠정적으로 동의했듯이, 유용한 지식이란 현재 또는 비교적 가까운 미래에 인류의 물질적 안락함에 기여할 가능성이 있는 지식이며, 그래서 단순한 지적 만족이 무의미한 것이라면, 고등수학의 대부분은 쓸모가 없다. 현대 기하학과 대수학, 정수론, 집합론과 함수론, 상대성이론, 양자역학 등은 다른 수학에 비해 이런 평가기준을 충족시키지 못하며, 이런 범주에서 자신의 삶을 정당화시킬 수 있는 진짜 수학자는 없다. 이것이 최선이라면 아벨, 리만, 푸앵카레*는 인생을 낭비한 것이다. 그들이 인류의 안락함에 기여한 바는 무시해도 좋을 정도였으며, 그들이 없었다 해도 이 세상은 행복한 곳이었을 것이다.

---

*쥘 앙리 푸앵카레Jules Henri Poincare, 1854~1912: 수학자, 물리학자, 과학철학자.

27.

'유용성'의 개념이 지나치게 편협해서 내가 '행복'이나 '안락함'이라는 조건으로만 정의하면서 최근의 저자들이 전혀 다르게 공감하며 강조하는 수학의 일반적인 '사회적' 효과를 무시했다는 반론이 있을 수 있다. 그런 까닭에 (여전히 수학자인) 화이트헤드는 '인간의 삶, 일상적인 직업, 사회 조직에 대한 수학적 지식의 엄청난 노력'에 대해 이야기하고, 호그벤(그는 화이트헤드와는 달리 나를 비롯한 수학자들이 수학이라 부르는 것에 대해 공감하지 않는다)은 '크기와 질서의 원리인 수학에 대한 지식 없이는 모두가 여유롭고 아무도 빈곤하지 않은 합리적인 사회를 계획할 수 없다'고 말한다(그리고 같은 맥락에서 훨씬 더 많은 것을 이야기한다).

나는 이 모든 수사가 수학자들을 위로하는 데 큰 도움이 될 것이라고는 전혀 믿을 수 없다. 이 두 저자의 언어는 심하게 과장되어 있으며, 둘 다 매우 명백한 차이점을 무시하고 있다.

호그벤의 경우에는 수학자가 아니기 때문에 이것은 매우 자연스러운 일이다. 그가 말하는 '수학'은 그 자신이 이해할 수 있는 수학이며, 내가 '학교' 수학이라 부르는 수학을 의미한다. 이런 수학은 내가 인정했듯이 많은 용도가 있으며, 우리가 원한다면 '사회적'이라고 부를 수 있다. 호그벤은 수학적 발견의 역사에서 흥미로운 사례들을 동원하여 유용성을 강조한다. 이것이 그의 책에 장점으로 작용한다.

수학자였던 적도 없고 앞으로도 수학자가 되지 않을 많은 독자들에게 수학에는 그들이 생각했던 것보다 더 많은 것이 있다는 것을 분명하게 보여줄 수 있기 때문이다. 그러나 그는 '진짜' 수학을 거의 이해하지 못하며(피타고라스의 정리나 유클리드와 아인슈타인에 대한 그의 글을 읽어본 사람이라면 누구나 즉시 알 수 있다), 수학에 대한 공감은 더더욱 적다(공감을 보여주기 위한 노력도 전혀 하지 않는다). 그에게 '진짜' 수학은 그저 경멸스러운 동정의 대상일 뿐이다.

화이트헤드의 경우에 문제가 되는 것은 이해나 공감의 부족이 아니라, 흥분한 나머지 자신이 익히 잘 알고 있는 차이점들을 잊고 있다는 것이다. '인간의 일상적인 직업'과 '사회의 조직'에 '엄청난 영향'을 미치는 수학은 화이트헤드가 아닌 호그벤의 수학이다.

'평범한 사람들이 평범한 목적으로' 사용할 수 있는 수학은 무시해도 좋은 것이며, 경제학자나 사회학자가 사용할 수 있는 수학은 '학문적 표준'에 거의 미치지 못한다. 화이트헤드의 수학은 천문학이나 물리학에 심오한 영향을 미칠 수 있으며, 철학에는 그저 알아차릴 수 있을 정도의 영향을 미칠 뿐이다. (한 종류의 고결한 사고는 언제나 다른 종류의 고결한 사고에 영향을 미칠 가능성이 높다.) 하지만 그 밖의 다른 분야에 미치는 영향은 극히 적다. 그가 생각하는 수학은 일반적인 인간이 아닌 화이트헤드와 같은 인간에게만 '엄청난 영향력'이 있다.

28.

그렇다면 수학에는 두 가지 종류의 수학이 있는 것이다. 진짜 수학자들의 진짜 수학이 있고, 더 나은 표현이 없어서 내가 '사소한' 수학이라고 부르는 수학이 있다. 사소한 수학은 호그벤이나 그의 학파의 다른 작가들이 좋아할 만한 논증으로 정당화될 수 있을 것이다. 하지만 진짜 수학에 대해서는 그런 변론이 없다. 어떻게든 정당화될 수 있다면, 진짜 수학은 예술로서 정당화되어야 하기 때문이다. 수학자들이 공통적으로 가지고 있는 이러한 관점에는 조금도 역설적이거나 유별난 면이 없다.

아직 검토해야 할 한 가지 질문이 더 있다. 사소한 수학은 전반적으로 유용하며, 진짜 수학은 전반적으로 유용하지 않다는 결론을 내렸으며, 사소한 수학은 어떤 의미에서 '선을 행'하고 진정한 수학은 그렇지 않다는 결론을 내렸지만, 우리는 여전히 어떤 수학이 해를 끼치는지를 물어봐야 한다. 어떤 종류의 수학이든 평화로운 시기에 많은 해를 끼친다고 말하는 것은 불합리하므로 전쟁에 대한 수학의 영향을 생각해볼 수밖에 없다. 지금 이런 질문을 냉정하게 논의하는 것은 매우 어렵고, 피하는 것이 좋겠지만, 어떤 종류의 논의는 피할 수 없을 것으로 보인다. 다행히도 그 논의를 길게 할 필요는 없을 것 같다.

진짜 수학자에게 위안이 될 한 가지 결론이 있다. 진짜 수학은 전쟁에 영향을 미치지 않는다. 아직 정수론이나 상대성이론이 호전적인 목적에 도움이 된다는 사실을 발견한 사람은 아무도 없으며, 앞으로도 오랫동안 발견할 가능성은 매우 희박해 보인다.

탄도학이나 공기역학과 같이 전쟁을 위해 의도적으로 개발되고, 상당히 정교한 기술을 요구하는 응용수학 분야가 있는 것은 사실이다. 이 분야들을 '사소한 수학'이라고 부르기는 어렵겠지만 '진짜 수학'이라고 주장할 수는 없다. 그것들은 참으로 혐오스러울 정도로 추악하며 참을 수 없을 정도로 지루하다.

리틀우드조차 탄도학을 존경할 만한 학문으로 만들 수 없었는데, 그가 할 수 없었다면 과연 누가 그렇게 할 수 있을까? 따라서 진짜 수학자는 떳떳하며, 그의 연구가 지닌 가치와 비교할 만한 가치는 전혀 없다. 내가 옥스퍼드에서 말했듯이, 수학은

'무해하고 순수한' 학문이다.

반면에 사소한 수학은 전쟁에서 응용될 분야가 많다. 예를 들어, 사격술 전문가와 비행기 설계자는 수학 없이는 자신들의 업무를 수행할 수 없다. 그리고 이러한 응용의 일반적인 효과는 분명해서, (물리학이나 화학만큼 분명하지는 않지만) 수학은 현대의 과학적인 '총력전'을 조장한다.

현대의 과학적인 전쟁에 대한 두 가지 극명하게 대비되는 견해가 있기 때문에, 이런 사실이 유감스러운 일인 것처럼 보일 정도로 명확하지는 않다. 첫 번째이자 가장 분명한 견해는 과학이 전쟁에 미치는 영향은 단지 전쟁을 치러야 하는 소수의 고통을 증가시키면서 다른 계층으로 확산시키는 것으로 전쟁의 공포를 확대시킬 뿐이라는 것이다. 이것이 가장 자연스럽고 정통적인 견해이다.

그러나 지극히 타당하게 보이는 전혀 다른 견해도 있다. 이것은 홀데인[*]이 〈칼리니코스Callinicus〉(‡J. B. S. 홀데인, 〈칼리니코스: 화학전에 대한 변명〉 1924)에서 강력하게 주장했던 것이다. 현대 전쟁이 과학 이전 시대의 전쟁보다 덜 끔찍하다고 주장할 수 있다는 것이다. 즉, 총검보다는 폭탄이 더 자비로운 무기일 수 있으며, 최루 가스와 머스터드 가스는 어쩌면 군사 과학이 고안

*존 홀데인John Burdon Sanderson Haldane 1892~1964: 유전학자, 생리학자, 수학자.

해낸 가장 인도적인 무기일 것이므로, 정통적인 견해는 나태한 감상주의에 근거한 것에 불과하다는 것이다(†이 단어는 특정 유형의 불균형한 감정을 나타내는 데 매우 정당하게 사용될 수 있으므로 이 단어로 질문을 예단하고 싶지는 않다. 물론 많은 사람들이 '감상주의'를 다른 사람의 선량한 감정을 학대하는 용어로 사용하고, '현실주의'를 자신의 잔인함을 위장하기 위해 사용한다).

또한 (홀데인의 논제들 중의 하나는 아니었지만) 과학이 가져올 것으로 예상되는 위험의 평등화가 장기적으로는 유익할 것이며, 민간인의 목숨이 군인의 목숨보다 더 가치 있거나 여성의 목숨이 남성의 목숨보다 더 가치 있는 것은 아니며, 어떤 경우이든 하나의 특정한 계층에만 야만성이 집중되는 것보다 더 낫다는 것이다. 요컨대, 전쟁은 '전면전'으로 빨리 끝날수록 좋다고 강조하는 것이다.

나는 어떤 견해가 진실에 더 가까운 것인지 모르겠다. 긴급하고 중요한 문제이지만 내가 여기에서 논쟁할 필요는 없다. 그것은 오로지 '사소한' 수학과 관련된 것이며, 내가 아닌 호그벤이 변론해야 하는 문제일 것이다. 호그벤의 수학은 어느 정도 더럽혀질 수 있을지 모르지만 나의 수학은 영향을 받지 않는다.

사실, 조금 더 언급해야 할 것이 있다. 진짜 수학이 전쟁에서 적어도 한 가지의 목적에는 도움이 되기 때문이다. 세상이 미쳐있을 때 수학자는 수학에서 비길 데 없이 뛰어난 진통제를 발견할 수 있다. 수학은 모든 예술과 과학 중에서도 가장 엄격하고 세상과 가장 멀리 떨어져 있는 학문이다. 수학자는, 버트런드 러셀이 말한 것처럼, '우리의 고귀한 충동들 중 적어도 한 가지는 현실 세계의 따분한 유배에서 벗어날 수 있는' 최상의 피난처를 가장 쉽게 찾을 수 있는 사람이어야 한다. 유감스럽게도 너무 늙은 사람은 아니어야 한다는, 한 가지 심각한 유보조항을 붙여야 할 필요는 있다.

수학은 관조적인 학문이 아니라 창조적인 학문이다. 창조를 위한 능력이나 욕구를 상실했을 때는 수학에서 충분한 위안을 얻을 수 없다. 이것은 수학자에게 다소 이른 시기에 일어날 수 있는 일이다. 유감스럽기는 하지만, 그런 경우에 그는 어쨌든 그다지 중요하지 않으며, 그것에 대해 걱정하는 것은 어리석은 일이다.

29.

결론을 요약하는 것으로 이 글을 마무리하겠지만, 좀 더 사적인 방식으로 정리하게 될 것이다. 서두에서 자신의 학문을 옹호하는 사람은 누구나 자신을 옹호하고 있다는 것을 알게 될 것이라고 했다. 전문 수학자의 삶에 대한 나의 정당화는 본질적으로 나 자신에 대한 정당화가 될 수밖에 없다. 따라서 이 결론 부분은 본질적으로 내 자서전의 일부가 될 것이다.

나는 수학자가 되고 싶다는 것 외에는 생각해본 적이 없다. 나의 특정한 능력이 그 방향을 향하고 있다는 것은 언제나 분명했으며, 어른들의 판단을 물어봐야겠다는 생각은 전혀 하지 않았다. 어렸을 때 수학에 대한 열정을 품었던 기억은 없으며, 내가 수학자라는 직업을 가질 수도 있겠다는 생각은 전혀 고상한 것이 아니었다. 나는 수학을 시험과 장학금이라는 조건에서 생각했다. 즉, 다른 아이들을 이기고 싶었고, 수학을 하는 것이 내가 그 아이들을 가장 확실하게 이길 수 있는 방법인 것 같았다.

열다섯 살 무렵, (약간은 별난 방식으로) 나의 야망은 더욱 선명하게 바뀌었다. 케임브리지 대학 생활을 다룬 시리즈 중에 '앨런 세인트 오빈'이 쓴 〈트리니티의 특별 연구원〉이라는 책이 있었다. 마리 코렐리*가 쓴 대부분의 작품들보다 뒤떨어지는 책이라고 생각하지만, 영리한 소년의 상상력을 자극할 수 있다면 전적으로 나쁜 작품이라고 하기는 어렵다. 두 명의 주인공인 등장하는데, 거의 완벽할 정도로 착한 플라워즈라는 주요인물과 그보다는 훨씬 믿음직하지 못한 브라운이라는 인물이다.

플라워즈와 브라운은 대학 생활에서 많은 위험을 겪지만, 그 중에서도 가장 위험했던 것은 매혹적이지만 극도로 사악한 두 명의 젊은 여성인 벨렌든 자매가 운영하는 체스터턴의 도박장이었다. 플라워즈는 이 모든 곤경을 헤치고 살아남아 수학학위 시험의 일급 합격자이자 고전학위 시험에서 수석으로 합격하여 자동적으로 특별연구권이 된다(당시에는 그랬을 것이라고 생각한다). 브라운은 유혹에 굴복하여, 부모를 파산시키고, 술을 마

*마리 코렐리Marie Corelli 1855~1924: 영국의 소설가.

시고, 폭풍우와 천둥이 몰아치는 동안 섬망증*에 시달리지만 성당 사제의 기도로 간신히 회복된다. 일반적인 학위조차 취득하기 어려운 상황을 겪고 난 후에 그는 결국 선교사가 된다. 이런 불행한 사건들에도 불구하고 그들의 우정은 깨지지 않았으며, 플라워즈는 처음으로 특별연구원 사교실에서 호두를 안주 삼아 포트와인을 마시면서 애틋한 연민으로 브라운을 회상한다.

플라워즈는 충분히 괜찮은 사람이었지만, 천진난만했던 내 생각으로도 그를 영리한 사람이라고 인정할 수는 없었다. 저 정도의 인물이 이런 일들을 할 수 있다면 나라고 하지 못할 이유가 있을까? 특히 '특별연구원 사교실'의 마지막 장면은 나를 완전히 매료시켰고, 그 후로 나에게 수학은 학위를 취득할 때까지 주로 트리니티 컬리지**의 특별연구원을 의미했다.

처음 케임브리지에 왔을 때 특별연구원이 '독창적인 연구'를 의미한다는 것은 즉시 알았지만, 연구에 대한 확실한 개념을 형성하기까지는 꽤 오랜 시간이 걸렸다. 물론 미래의 수학자들이 모두 그러하듯, 중고등학교에서 종종 선생님들보다 내가 훨씬 더 잘할 수도 있다는 것을 알게 되었고, 당연히 빈도는 훨씬 적

---

*약물이나 술 등으로 인해 뇌의 전반적인 기능장애가 발생하는 증후군.

**트리니티 컬리지Trinity College는 케임브리지 대학의 단과대학으로 34명의 노벨상 수상자를 배출했다.

었겠지만 케임브리지에서도 가끔은 대학 강사들보다 더 잘할 수 있다는 것도 알게 되었다. 하지만 졸업시험을 볼 때까지도 나는 앞으로 평생을 공부하게 될 과목에 대해서 실제로 무지했으며, 여전히 수학이 본질적으로는 '경쟁하는' 학문이라고 생각했다.

내가 처음으로 수학에 눈을 뜨게 된 것은 몇 학기 동안 나를 가르치고 처음으로 해석학에 대한 진지한 개념을 알려주신 러브 교수님* 덕분이었다. 하지만 러브 교수님께 가장 큰 도움을 받았던 것은 — 결국 그분은 응용수학자였다 — 조르당**의 유명한 〈해석학 교정Cours d'anlyse〉을 읽어보라는 조언이었다. 우리 세대의 수많은 수학자들에게 가장 큰 영감을 준 그 훌륭한 작품을 읽고 수학의 진정한 의미를 처음으로 깨달았을 때의 놀라움을 결코 잊지 못할 것이다. 그때 이후로 나는 수학적 야망과 수학에 대한 진정한 열정을 지닌 진짜 수학자가 되었다.

그 후 10년 동안 많은 논문을 썼지만 중요한 논문은 거의 없었다. 어느 정도 만족스럽게 지금까지 기억하는 논문은 네다섯 편이 채 되지 않는다. 내 경력의 진정한 전환기는 10~12년 후

---

*어거스터스 러브Augustus Edward Hough Love 1863~1940: 응용수학자. 왕립학회원.

**까미유 조르당Marie Ennemond Camille Jordan 1838~1922): 프랑스의 수학자.

인 1911년 리틀우드와 오랜 공동연구를 시작하고 1913년 라마누잔을 발견했을 때였다. 그 이후 나의 모든 최고의 작업은 그들과 밀접한 관계를 맺고 있으며, 그들과의 인연이 내 인생의 결정적인 사건이었음은 분명하다.

나는 지금도 우울해지거나, 거만하고 지루한 사람들의 말을 들어야 할 때면 '나는 당신이 절대로 할 수 없었던 일을 해냈는데, 그것은 바로 리틀우드와 라마누잔과 동등한 조건으로 협력했던 것이다'라고 스스로에게 말한다. 내가 현저히 늦게나마 성숙하게 된 것은 바로 그들 덕분이었다. 나는 옥스퍼드에서 교수로 재직하면서 마흔을 조금 넘겼을 때 최고의 전성기를 누렸다. 그 이후로는 노인들, 특히 노인 수학자들의 공통된 운명인 지속적인 노쇠로 고통을 받았다. 수학자는 예순이 되어도 충분히 유능할 수 있지만, 그들에게 독창적인 아이디어를 기대하는 것은 헛된 일이다.

이제 내 인생은, 그 가치가 무엇이든, 끝이 났다는 것은 분명하다. 내가 할 수 있는 그 어떤 일도 내 인생의 가치를 눈에 띄게 높이거나 낮출 수 없다는 것도 분명하다. 감정에 치우치지 않기는 매우 어렵지만, 나는 내 인생을 '성공'으로 간주한다.

나와 비슷한 수준의 능력을 가진 사람이 기대하는 것보다 더 많이 그리고 적지 않은 보상을 받았다. 나는 줄곧 편안하고 '품위 있는' 직책을 맡았다. 대학의 틀에 박힌 따분한 업무로 인한 어려움도 거의 겪지 않았다.

나는 '가르치는 일'을 싫어한다. 거의 전적으로 연구 감독만 해왔기 때문에 가르치는 일은 거의 하지 않았다. 강의하는 것을 좋아해서 대단히 유능한 학생들을 대상으로 아주 많은 강의를 했으며, 내 인생에서 가장 큰 행복이었던 연구를 위한 여가시간을 충분히 누릴 수 있었다. 다른 사람들과 함께 일하는 것이 편하다는 것을 알고 있었으며, 두 명의 뛰어난 수학자와 대규모 공동 작업을 수행했다. 이를 통해 내가 기대했던 것보다 훨씬 더 많은 것을 수학에 추가할 수 있었다. 다른 수학자들과 마찬가지로 실망한 적도 있었지만, 그로 인해 너무 심각해진다거나 특별히 불행해지지는 않았다. 스무 살이었을 때, 누군가 내게 지금보다 더 좋지도 나쁘지도 않은 인생을 제안했다면 주저하지 않고 받아들였을 것이다.

내가 '더 잘할 수 있었을 것'이라고 생각하는 것은 터무니없는 일로 보인다. 나는 언어나 예술에 아무런 재능이 없으며, 실험과학에 대한 관심도 거의 없다. 내가 꽤 괜찮은 철학자가 되었을지도 모르지만 독창적인 철학자는 되지 못했을 것이다. 좋은 변호사가 되었을지도 모른다는 생각은 하지만, 학자의 삶 외에는 나의 변신에 확신할 수 있는 유일한 직업은 저널리즘뿐이다. 흔히 말하는 성공을 척도로 한다면, 내가 수학자가 되기로 했던 것이 옳았다는 데에는 의심의 여지가 없다.

내가 원했던 것이 적당히 편안하고 행복한 삶이라면 나의 선택은 옳은 것이었다. 그러나 변호사와 증권중개인과 마권(馬券)업자도 종종 편안하고 행복한 삶을 살고 있으며, 그들의 존재로 인해 세상이 얼마나 더 풍요로워지는지를 확인하기는 매우 어렵다. 내 삶이 그들의 삶보다 덜 무익하다고 주장할 수 있을까? 다시 한 번 가능한 대답은 오직 하나뿐인 것 같다. 어쩌면 그럴 수도 있다. 하지만 만약 그렇다면 단 한 가지 이유 때문이다. 즉, 나는 '유용한' 일을 한 적이 없다는 것이다.

내가 발견한 어떤 것도 직접적으로든 간접적으로든, 좋든 나쁘든, 이 세상의 쾌적함을 위해 최소한의 변화도 만들지 못했으며, 앞으로도 그럴 가능성은 없다. 나는 다른 수학자들을 훈련시키는 데 도움을 주었지만, 나와 동일한 부류의 수학자들과 그들의 연구는 어쨌든 내가 그들에게 도움을 주었다면 내 연구만큼이나 쓸모가 없었다.

모든 실용적인 기준으로 판단한다면, 나의 수학적인 삶의 가치는 0이며, 수학을 벗어나서는 어쨌든 사소한 것이다. 나에게는 완전히 사소하다는 판결을 피할 수 있는 단 한 번의 기회가 있다. 즉 내가 창조할 가치가 있는 무언가를 창조했다는 평가를 받을 수 있는 기회가 있을 것이다. 그리고 내가 창조해낸 것은 부인할 수 없는 사실이다. 문제는 그 가치에 관한 것이다.

그렇다면 내 삶이나 내가 수학자였던 것과 같은 의미에서 수학자였던 다른 사람의 삶에 대한 나의 주장은 이것이다. 즉, 나는 지식에 무언가를 추가했으며, 다른 사람들이 더 많은 것을 추가하도록 도왔다는 것이다. 그리고 이러한 것들은 위대한 수학자들의 창조물이나 크든 작든 어떤 종류의 기념물을 남긴 다른 예술가들의 창조물과는 종류가 아닌 정도만 다를 뿐인 가치를 지닌다.

후기

브로드 교수와 스노우 박사는 내게 이런 의견을 제시했다.

과학이 만들어낸 선과 악 사이에서 공정한 균형을 유지하려면 과학이 전쟁에 미치는 영향에 너무 집착해서는 안 되며, 전쟁에 미치는 영향을 생각할 때에도 순전히 파괴적인 영향 외에도 매우 중요한 영향이 많다는 것을 기억해야 한다는 것이었다. 그래서 나는 (두 번째 의견을 먼저 살펴보기 위해) (a) 전쟁을 위해 전체 인구를 조직화하는 것은 오직 과학적 방법만을 통해서 가능하다는 점, (b) 과학은 거의 배타적으로 악을 위해 사용되는 프로파간다의 영향력을 크게 증가시켰다는 점, (c) '중립'을 거의 불가능하거나 무의미하게 만들어버려 전쟁 후에 각성과 복원이 점차적으로 퍼질 수 있는 '평화의 섬'이 더 이상 없다는 점을 기억하고 있어야 한다.

물론 이 모든 것이 과학에 반대하는 주장을 강화하는 경향이 있다. 반면에, 우리가 이런 주장을 최대한 강조한다 해도 과학이 만들어낸 해악이 이로움에 의해 전혀 상쇄되지 않는다고 진지하게 주장하는 것은 거의 불가능하다. 예를 들어, 모든 전쟁에서 천만 명이 목숨을 잃는다 해도, 과학의 순 효과는(실제적인 효과) 여전히 평균 수명을 늘리고 있다는 것이다. 요컨대, 28장의 내용은 지나치게 '감상적'이라는 것이다.

나는 이러한 비판의 정당성에 이의를 제기하지는 않는다. 하지만 내가 서문에서 밝힌 이유 때문에 이 글에서 그런 비판들에 대응하는 것이 불가능하다는 것을 알게 되었으며, 이렇게 인정하는 것으로 만족한다.

스노우 박사는 8장에 대해서도 흥미로운 의견을 제시해주었다. '아이스킬로스는 잊혀져도 아르키메데스는 기억될 것'을 인정한다 해도, 수학적인 명성이 전적으로 만족스럽기에는 너무 '익명적'인 것은 아닐까? 우리는 작품만으로도 아이스킬로스의 개성을 꽤나 생생하게(당연히 셰익스피어나 톨스토이는 더욱 생생하게) 그려볼 수 있지만, 아르키메데스와 에우독서스는 그저 이름으로만 남아 있을 뿐이라는 것이었다.

트라팔가 광장에 있는 넬슨 기념탑을 지나갈 때 존 로마스* 씨가 이 문제를 한층 더 생생하게 잘 표현해 주었다.

만약 런던에 있는 기념탑에 동상을 세운다면, 기둥이 너무 높아서 동상이 보이지 않는 것이 좋을까요, 아니면 동상의 특징을 알아볼 수 있을 정도로 낮게 세우는 것이 좋을까요?

나는 첫 번째 대안을 선택하겠지만, 스노우 박사는 아마도 두 번째를 선택할 것이다.

---

*존 로마스John Millington Lomas 1917~45: 하디의 친구인 크리켓 선수.

부록

부록 1: 전쟁시기의 수학

부록 2: 고드프리 해럴드 하디의 삶과 사상

부록 1:

전쟁 시기의 수학 MATHEMATICS IN WAR-TIME

G. H. 하디

학기 초에 편집장이 〈유레카Eureka〉에 원고를 써달라고 요청했다. 나는 그 제안을 수락해야 한다고 생각했지만 그가 제안한 주제들은 모두 당시의 나에게는 전혀 불가능한 것들로 보였다. '졸업시험에 대한 나의 견해' — 학부 시절부터 나는 졸업시험에는 별다른 관심이 없었으며, 지금은 과거의 그 어느 때보다 더 관심이 없다. '캠브리지에 대한 나의 회상' — 분명 나는 아직 그럴 시기에 도달하지 못했다. 또는 그가 말했듯이 '좀 더 시사적인 것으로 수학과 전쟁에 관한 글' — 이것은 나에게 가장 불가능한 주제로 보였다. 나는 전쟁에서 수학의 역할에 대해서는 지적인 경멸과 도덕적 혐오감으로 가득 차 있다는 점을 제외하고는 할 말이 전혀 없는 것 같았다.

나는 다시 생각한 끝에 마음을 바꾸었고 원래는 최악이라고 생각했던 주제를 선택했다. 수학, 심지어 내가 하고 있는 종류의 수학조차도 전쟁에서 '용도'가 있으며, 나는 그것에 대해선 할 말이 있어야 한다고 생각한다. 그리고 내 의견이 일관성이 없거나, 논쟁의 여지가 있다면 다른 수학자들이 답변하도록 유도할 수 있을 것이기 때문에 훨씬 더 좋을 것이다.

'수학'이란 공학 실험실에서 수학이라고 통용되고 있는 수학이 아니라 페르마, 오일러, 가우스, 아벨의 수학, 즉 진짜 수학을 의미한다고 단언하고 싶다. 나는 '순수' 수학만을 생각하는 것이 아니라(물론 그것이 나의 첫 번째 관심사이긴 하지만) 맥스웰과 아인슈타인, 에딩턴과 디랙을 '진짜' 수학자로 간주한다.

나는 영원한 미학적 가치를 지닌 수학 지식 전체를 수학에 포함시킨다. 예를 들어, 그리스의 수학은 최고의 문학처럼 수천 년이 지난 후에도 수많은 사람들에게 강렬한 정서적 만족을 줄 수 있기 때문이다. 그러나 나는 탄도학이나 공기역학 또는 전쟁을 위해 특별히 고안된 다른 어떤 수학에도 관심이 없다. 그것은 (그 목적을 어떻게 생각하든) 지독하게 추악하고 참을 수 없을 정도로 지루하다. 리틀우드조차도 탄도학을 존경할 만한 학문으로 만들지 못했는데, 그가 못했다면 과연 누가 그렇게 할 수 있을까?

그렇다면 잠시 수학의 사악한 부산물들을 떨쳐버리고 진짜 수학에 집중해 보기로 하자.

우리는 진짜 수학이 전쟁에서 중요한 목적을 달성하는 데 도움이 되는지, 그리고 그 목적이 좋은 것인지 나쁜 것인지를 고려해야 한다. 전쟁 중에 우리가 수학자라는 사실을 기쁘게 생각해야 할까, 안타깝게 생각해야 할까, 자랑스러워해야 할까, 부끄러워해야 할까?

(원리를 제외한) 진짜 수학은 전쟁에서 직접적인 효용이 없다는 것은 명백한 사실이다. 정수론이나 상대성이론, 양자역학에서 전쟁과 같은 목적을 발견한 사람은 아직 아무도 없으며, 앞으로도 오랫동안 발견할 가능성은 매우 희박해 보인다. 이 점은 다행스러운 일이지만, 이렇게 말함으로써 오해를 불러일으킬 수도 있다.

때때로 순수 수학자들은 자신의 주제가 '쓸모없다'는 것을 자랑스럽게 여기고 '실용적인' 응용이 없다는 것을 자랑으로 삼는다고 한다. 이런 비난은 대개 가우스의 조심스러운 말에 근거하는데, 내게는 다소 조잡하게 잘못 해석된 것처럼 보인다.

만약 정수론이 어떤 실용적이고 명예로운 목적을 위해 사용될 수 있다면, 만약 그것이 인간의 행복을 증진하거나 인간의 고통을 덜어주는 데 직접적으로 사용될 수 있다면(예를 들어, 생리학이나 화학이 그러하듯이), 가우스나 다른 수학자 모두 그러한 응용을 비난하거나 후회할 만큼 어리석지는 않았을 것이다. 그러나 다른 한편으로 과학의 응용이 전반적으로 적어도 선한 것만큼이나 악한 것을 위해 이루어졌다면 — 그리고 이것은 항상 진지하게 받아들여야 하는 견해이며, 무엇보다도 전쟁 시기에 — 가우스와 그보다 못한 수학자 모두 평범한 인간 활동에서 매우 멀리 떨어져 있는 과학이 있다는 사실에 기뻐하는 것은 정당하다.

이것으로 이 문제를 끝낼 수 있다고 생각하면 좋겠지만, 우리는 작업장의 수학에서 쉽게 벗어날 수는 없다. 간접적으로 우리는 그 존재에 대한 책임이 있다. 총포 전문가와 비행기 설계자는 상당한 수학적 훈련 없이는 일을 할 수 없으며, 최고의 수학적 훈련은 진짜 수학을 훈련하는 것이다.

최고의 수학자조차 이렇게 간접적인 방식으로 전쟁에서 중요한 역할을 하며, 수학은 모든 종류의 목적을 위해 필요하다. 이러한 목적의 대부분은 비열하고 지루하다. 미분방정식의 수치적 해법보다 더 영혼을 파괴하는 것이 있을까? 그러나 그들을 위해 선택된 사람들은 실험실 일꾼보다는 수학자여야 한다. 단지 더 잘 훈련되고 더 나은 두뇌를 가지고 있기 때문이다. 따라서 우리가 좋아하든 슬퍼하든 상관없이 수학은 이제 정말 중요해지게 될 것이다. 과학이 전쟁에 미치는 영향에 대한 우리의 일반적인 견해에 따라 달라질 것이기 때문에, 처음에는 후회해야 할 것 같지만 그렇게 명확하지는 않다.

현대의 '과학적' 전쟁에 대한 두 가지 극명하게 대조되는 견해가 있다. 첫 번째이자 가장 분명한 것은 과학이 전쟁에 미치는 영향은 단지 전쟁을 치러야 하는 소수의 고통을 증가시키고 다른 계층으로 확산함으로써 그 공포를 확대시키는 것일 뿐이라는 견해이다. 이것이 정통적인 견해이며, 이 견해가 정당하다면, 유일한 방어 수단은 보복의 필요성에 있다는 것이 명백하다. 그러나 매우 다른 관점도 존재하며, 이 관점도 상당히 설득력이 있다.

현대전은 적어도 전투원들에 관한 한 과학 이전 시대의 전쟁보다 덜 끔찍하며, 총검보다는 폭탄이 더 자비로운 무기일 수 있고, 최루 가스와 머스터드 가스는 군사 과학이 고안한 가장 인도적인 무기일 수 있으며, '정통적인' 견해는 느슨하게 생각하는 감상주의에만 의존한다고 주장할 수 있다. 이것은 홀데인이 〈칼리니코스〉에서 강력하게 주장한 사례이다.

또한 과학이 가져올 것으로 예상되는 위험의 평등화가 장기적으로 유익할 것이며, 민간인의 목숨이 군인의 목숨보다, 여성의 목숨이 남성의 목숨보다 더 가치 있는 것은 아니며, 특정 계층에 야만성이 집중되는 것보다는 어떤 것이든 더 낫다고, 요컨대 전쟁은 빨리 끝날수록 좋다고 촉구할 수 있다. 이러한 관점이 옳다면 일반적으로 과학자들과 특히 수학자들은 자신의 직업을 부끄러워할 이유가 조금 줄어들 것이다.

이러한 극단적인 의견 사이에서 균형을 잡는 것은 매우 어렵기 때문에 나는 그렇게 하려고 노력하지 않을 것이다. 나는 모든 수학자가 그래야 한다고 생각하기 때문에 좀 더 쉬운 질문으로 마무리하려 한다. 수학이 전쟁에서 '좋은 일을 한다'고 자신있게 말할 수 있는 방법이 있을까? 나는 두 가지를 살펴볼 수 있다고 생각한다(물론 거기에서 큰 위안을 얻는다고는 할 수는 없다).

우선 수학이 일정한 수의 젊은 수학자들의 생명을 구할 가능성이 매우 높다. 그들의 기술적인 실력이 '유용한' 목적에 적용되면서 그들을 전선에서 멀어지도록 할 것이기 때문이다. '능력의 보존'은 공식적인 선전문구들 중의 한 가지이다. '능력'은 실제로 수학적, 물리적 또는 화학적 능력을 의미하며, 소수의 수학자가 '보존'된다면 어쨌든 무언가를 얻은 것이다. 사망 가능성이 그만큼 높아진 고전학자, 역사학자, 철학자들에게는 다소 힘든 일일 수는 있지만, 지금은 아무도 '인문학'에 대해 걱정하지 않을 것이다. 반드시 가장 가치 있는 사람이 아니라 해도 일부는 구해야 하는 것이 더 좋은 일이다.

둘째, 나이가 많은 사람은 (너무 늙지 않았다면) 수학에서 비교할 수 없는 진통제를 발견할 수 있다. 수학은 모든 예술과 과학 중에서 가장 엄격하고 가장 세상과 동떨어져 있으며, 수학자는 모든 사람들 중에서도 '우리의 고귀한 충동들 중 적어도 하나가 현실 세계의 음울한 유배에서 가장 쉽게 탈출할 수 있는 피난처'를 가장 쉽게 찾을 수 있는 사람이어야 한다. 그러나 너무 늙어서는 안 된다. 이런 매우 심각한 제약조건을 만들어야 할 필요가 있다는 것은 유감이다.

수학은 관조적이지 않은 창조적인 학문이며, 창조의 힘이나 욕구를 상실했을 때 수학에서 많은 위안을 얻을 수 있는 사람은 아무도 없으며, 이는 곧 수학자에게 일어날 수 있는 일이다.

안타깝지만, 그런 경우에 그는 어쨌든 별로 중요하지도 않고, 그를 걱정하는 것은 어리석은 일일 것이다.

수학은 아름다워야 한다

20세기의 가장 위대한 수학자들 중 한 명으로 인정받는 고드프리 해럴드 하디(G. H. Hardy, 1877~1947)는 영국 서리 주의 크랜리에서 태어났다. 말하는 법을 배우기도 전인 두 살 때 이미 백만 단위의 수를 쓸 수 있었다는 그는 학자, 스포츠맨, 무신론자, 평화주의자로 자랐지만 무엇보다 개인주의자였다. 수학에 대한 관심과 종교에 대한 무관심은 어린 시절부터 분명하게 나타났다. 교회에서는 예배보다 찬송가 게시판의 숫자를 인수분해 하는데 몰두했다. 열두 살 때인 1889년 당시 가장 유명한 수학 연구의 본거지인 윈체스터 대학에서 장학금을 받은 후부터 전문 수학자가 되기 위한 준비를 시작했다.

수학의 다양한 분야에서 혁신적인 연구와 발견을 이루어낸 그의 주요 연구분야는 해석학과 정수론이었으며, 특히 무한급수와 해석적 함수에 대한 연구에서 뚜렷한 성과를 이루어냈다. 또한, 수학적 증명과 정확성에 대한 철학적인 접근을 강조하여, 수학의 엄밀성과 추상성을 중시하는 관점을 제시했다.

수학적 능력만큼이나 솔직한 신념과 반항적인 정신으로 유명한 하디는 자신이 가장 이루고 싶은 소망들을 이렇게 나열했다.

1. 중요한 크리켓 경기에서 멋진 플레이를 펼치는 것
2. 신의 부재를 증명하는 것
3. 이탈리아의 파시스트 지도자 무솔리니를 제거하는 것

–폴 호프먼, 〈숫자만을 사랑한 남자The Man Who Loved Only Numbers〉.

1896년 케임브리지의 트리니티 칼리지에 장학생으로 입학하여 러브 교수A. E. H. Love의 지도를 받으며 본격적인 수학자의 길로 들어섰다.

"내가 처음으로 수학에 눈을 뜨게 된 것은 몇 학기 동안 나를 가르치고 해석학에 대한 진지한 개념을 처음으로 알려주신 러브 교수님Professor Love 덕분이었다. 하지만 러브 교수님께 가장 큰 도움을 받았던 것은 조르당Jordan의 유명한 〈해석학 교정Cours d' anlyse〉을 읽어보라는 조언이었다. 우리 세대의 수많은 수학자들

에게 가장 큰 영감을 준 그 훌륭한 작품을 읽고 수학의 진정한 의미를 처음으로 깨달았을 때의 놀라움을 결코 잊지 못할 것이다. 그때 이후로 나는 수학적 야망과 수학에 대한 진정한 열정을 지닌 진짜 수학자가 되었다."(본문 116쪽)

리틀우드와 라마누잔

1906년부터 1919년까지 케임브리지의 트리니티 칼리지의 수학강사로 근무하면서 일주일에 6시간의 강의 외에는 연구에만 몰두했다. 그의 연구는 이 시기에 이미 상당한 성과를 이루어냈으며 1908년에 저술한 〈순수 수학 강의A Course of Pure Mathematics〉는 20세기 전반기의 수학교육에 커다란 영향을 미쳤다.

동료 수학자인 리틀우드J. E. Littlewood와 35년에 걸친 공동연구가 시작된 1911년은 순수 수학자로서 그의 연구에 분수령이 되는 해였다. 두 사람은 해석학과 해석적 정수론에 관한 공동연구를 진행했으며, 리만 가설을 증명하기 위한 집중적인 연구를 통해 거의 100편의 논문을 발표했다. 하디와 리틀우드의 공동연구는 수학사에서 가장 성공적이고 가장 유명한 공동연구 사례로 손꼽힌다.

“저는 23세이며 마드라스항구 은행의 회계부서 직원으로 일하고 있습니다. 그동안 일반적인 발산급수에 대해 특별한 관찰을 수행했고 그 결과는 이곳의 수학자들을 놀라게 했습니다. … 제가 첨부한 문서를 꼭 읽어주십시오. 저의 정리들 중 일부가 가치 있다고 평가된다면 출판을 희망합니다.”

2년 후인 1913년 하디는 인도의 수학자 스리니바사 라마누잔Srinivasa Ramanujan으로부터 편지를 받게 된다. 하디는 라마누잔이 편지와 함께 보낸 120개의 정리와 공식을 리틀우드와 함께 검토하고 진정한 천재의 작품이라고 판단했다. 그의 연구를 지원하기 위해 상당한 노력을 기울인 끝에 하디는 라마누잔을 케임브리지 대학교로 데려오는데 성공했다. 1914년부터 1918년까지 라마누잔을 지도하며 공동연구에 전념한 하디는 라마누잔과의 인연을 ‘내 인생에서 유일하게 낭만적인 사건’이라고 회고했다.

“내 경력의 진정한 전환기는 10~12년 후인 1911년 리틀우드와 오랜 공동연구를 시작하고 1913년 라마누잔을 발견했을 때였다. 그 이후 나의 모든 최고의 작업은 그들과 밀접한 관계를 맺고 있으며, 그들과의 인연이 내 인생의 결정적인 사건이었음은 분명하다. 나는 지금도 우울해지거나, 거만하고 지루한 사람들의 말을 들어야 할 때면 '나는 당신이 절대로 할 수 없었던 일을 해냈는데, 그것은 바로 리틀우드와 라마누잔과 동등한 조건으로 협력했던 것이다'라고 말한다." (본문 117쪽)

전쟁과 수학자의 변명

제1차 세계대전 기간 동안 하디는 솔직한 정치적 견해로도 유명해졌다. 대부분의 동시대 사람과는 달리 하디는 독일인의 지적 능력과 과학적 사고에 대한 공헌을 높이 평가했다. 또한 영국 정치인에 대한 뿌리 깊은 불신으로 인해 영국의 참전을 부정적으로 생각했다. 특히 영국 외의 대륙에 있는 동료학자들과의 다양한 협력이 중단된 것에 분노했다.

케임브리지의 분위기는 1914년~1918년까지의 제1차 세계대전 기간 동안 하디에게는 견디기 힘든 것이었다. 리틀우드를 포함한 그의 친구들과 동료들이 전쟁터로 향했다. 특히 1916년에 친구인 버트런드 러셀이 전쟁에 반대하는 의견을 밝혔다는 이유로 케임브리지에서 쫓겨나자 하디는 외로움을 느꼈다.

종전 후인 1919년 하디는 케임브리지를 떠나 옥스퍼드 대학에서 기하학 교수로 1931년까지 재직했다. 열렬한 크리켓 팬이자 테

니스 선수였던 하디는 1939년 62세의 나이에 심장마비를 겪게 되었다. 그의 놀라운 정신력은 빠르게 쇠퇴하기 시작했고 더 이상 스포츠를 즐길 수 없게 되었다. 그 무렵 유럽이 다시 전쟁에 돌입하게 되자 자신의 학문과 전쟁에 대한 견해를 정리한 에세이 '전쟁 시기의 수학'을 학교 잡지인 〈유레카〉에 기고하고 그 내용을 〈수학자의 변명〉에 포함시켰다.

문학적인 용어로 변론defense을 의미하는 변명apology의 형태로 작성된 〈수학자의 변명〉은 순수 수학자로서 자신이 평생을 바쳐 이룩해온 업적에 대한 자기 방어였다. 일반인들이 자신의 변론을 이해할 수 있도록 학술적인 언어를 버리고 일반 청중을 대상으로 강연하듯 간결하고 단순한 작문 스타일로 작성했다.

하디는 틀에 얽매이지 않는 견해를 말함으로써 사람들에게 가벼운 충격을 주는 것을 좋아했다. 또한 논쟁을 좋아했기 때문에 좋은 논쟁을 위해 그러한 견해를 변호하는 것을 좋아했다.

"전문적인 수학자가 수학에 관한 글을 쓰고 있다는 건 우울한 경험이다. 수학자의 역할은 새로운 정리(定理)를 증명하고 수학에 보탬이 될 의미 있는 일을 하는 것이지, 자신이나 다른 수학자들이 이루어놓은 일에 대해 이런저런 말을 보태는 것은 아니다. … 해

설이나 비평, 평가는 뛰어나지 못한 사람들이 하는 일이다.(본문 18쪽)

하디는 자비로 출판하려 했지만 에세이의 가치를 인정한 대학 출판부는 학교의 자금으로 출간할 것을 결정했다. 초판은 4,000부가 발행되었으며 1941년에 2,500부를 추가 발행하고 하디가 사망한 다음 해인 1948년에 2,000부를 더 인쇄했다.

〈수학자의 변명〉은 수학과 지적 추구에 대한 하디의 지속적인 열정을 담고 있다. 그는 수학을 예술에 비유하고 비평가가 예술을 설명하는 것과 같은 방식으로 수학을 설명한다. 수학 천재의 자질과 수학 분야에서 경력을 쌓는 논리적인 이유를 자세히 설명하고, 일반인들에게 수학의 고유한 아름다움을 보여주기 위해 가장 기본적이고 시대를 초월한 세 가지 정리를 간략하게 설명한다. 또한 자신이 평생을 바친 이론 수학 또는 순수 수학과 그가 열등하다고 생각하는 여러 유형의 '응용 수학' 사이의 차이점을 설명한다.

〈수학자의 변명〉은 직설적인 표현과 논쟁적인 주제로 출간 직후부터 수학계와 철학계를 중심으로 커다란 반향을 일으켰다. 그는 수학에 대한 열정과 그 중요성을 강력하게 주장하면서 수학의 아름다움을 표현하고자 했다.

출간 직후에는 유명 학술 잡지인 〈네이처Nature〉와 〈사이언틱 아메리칸Scientific American〉을 비롯한 다양한 언론매체에 평론과 비평이 실렸다. 이들 매체에서는 하디의 철학과 그의 글쓰기 스타일, 수학에 대한 비전을 강조하며, 이 책이 수학의 아름다움과 의미를 일반 독자에게 전달하는 데 성공했다는 점을 강조했다.

아인슈타인은 이 책을 읽고 하디를 '순수 수학의 가장 인상적인 대변자'로 칭했으며, 브라이언 그린은 '수학의 아름다움과 그 깊이를 보여주는 훌륭한 작품'이라고 상찬했다. 훗날 스티븐 호킹은 '수학의 중요성과 아름다움을 매력적으로 전달한다'며 하디의 철학적인 시각을 높이 평가했다.

하디가 극명하게 구분하는 순수 수학과 응용 수학 사이의 경계는 오늘날에도 대부분의 대학에 존재한다. 순수 수학과 응용 수학 사이의 경계가 흐려질 수 있지만 곧 지워지지는 않을 것 같다. 그 경계가 존재하는 한 이 책은 꾸준히 소환되어 읽히게 될 것이다. 수학자 랜돌프J. F. Randolph가 1942년의 평론에서 표현한 것보다 더 자세한 요약은 없을 것이다.

"이 책은 수학에 관한 것뿐만 아니라 이상, 예술, 아름다움, 중요성, 진지함, 일반성, 깊이, 청년, 노인 그리고 하디 자신에 관한 것이다. 읽고, 생각하고, 이야기하고, 비판하고, 다시 읽어야 할 책이다."

하디는 1910년 왕립학회 회원으로 선출되었으며 1920년 왕립학회 메달과 1940년 실베스터 메달을 받았다. 1947년 12월 1일, 왕립학회의 최고 영예인 코플리 메달Copley Medal을 받게 된다는 소식을 듣고 얼마 지나지 않아 영국 케임브리지셔 주 케임브리지에서 세상을 떠났다.

위대한 수학자인 하디는 유용성이 아닌 아름다움이야말로 수학이 존재해야 마땅한 근거라고 선언했다. 그가 보기에 수학은 최초의, 그리고 으뜸가는 창조적 예술이었다.

"수학자의 패턴은 화가나 시인의 패턴처럼 아름다워야 하며, 아이디어는 색상이나 단어처럼 조화롭게 잘 어울려야 한다. 아름다움이 첫 번째 평가기준이다. 보기 흉한 수학은 이 세상에 영원히 자리 잡을 수 없다."(본문 49쪽)